茶的故事

秀崇 题

江苏人民出版社

主 编：

盛畔松

编 委：

杨亚君　王敖盘

钱胜华　裴秋秋

序

　　宜兴市茶文化促进会策划的系列茶书之一——《茶的故事》，历时半年多时间，从中国茶文化史的瀚海中，撷取了 32 个经典故事，将要出版与大家分享了。这是我们为复兴中华的强国梦，为弘扬中国传统文化，普及茶文化历史知识，提倡"茶为国饮"，倡导健康有益的休闲方式，增加生活情趣，精心编撰的一本小册子，有待大家的批评指正。

　　中国五千年传统文化积淀深厚，茶文化是其中的重要一脉，从"柴米油盐酱醋茶"里，说明茶与人们生活息息相关；而"琴棋书画烟酒茶"，又表现茶与文人文化的亲密关系。

　　古阳羡宜兴，深深植根于茶文化的沃土之中，成为中国茶文化的发祥地之一。汉代，就有汉王在茗岭"课僮艺茶"的记载，开创了江南人工种茶制茶的历史先河。三国时，东吴孙权 15 岁执掌阳羡，"国山舜"成为最早的贡茶。唐代，经陆羽的品尝，常州刺史李栖筠把"义兴紫笋茶"荐成御贡，曾有 20 多位常州刺史在宜兴茶区督造贡茶。因而诗人卢仝留下了"天子须尝阳羡茶，百草不敢先开花"的千古绝唱。宋、元时，皇家官焙虽移师福建，宜兴却从未固步自封，抓住机遇开发创新，除进贡的龙团凤饼茶之外，还涌现了"滆湖云膏""金字末茶""蝉翼茶"等宜兴名茶，亦呈一时之风采。明清两代，宜兴开创出散茶中的极品——"岕茶"，其"南岳岕"属帝王独享的御贡，"洞山岕""庙前岕""庙后岕"，成为文人学士一撮难求的雅好之茶，引得文征明、唐寅等几十位诗人诗兴大发，吟唱不绝，留下几十首咏阳羡茶之诗。同时"雀舌茶""旗枪茶""宜兴红茶"等名茶也随之涌现，推动了"紫砂壶"的应运而生，而"金沙泉""卓锡泉"等名泉也名盛一时。"水为茶之母""壶为茶之父"，好茶好水好壶，唯宜兴独有矣。

徜徉在宜兴茶文化的历史长河中，宜兴有近两千年的种茶制茶史，有一千多年的贡茶史。宜兴茶促会深感自己肩负的重任，把挖掘宜兴茶文化历史、弘扬茶文化精神，当作自己义不容辞的职责，力求在新时期、新常态下，让阳羡茶与文化更加有机结合，从而更好地促进宜兴茶业的理性发展，提升"阳羡茶"品牌在市场的影响力。在这样的背景下，我们精选了从神农氏开始到现代文人与茶有关的 32 个故事。本书倡导正能量，集思想性、可读性于一体；力求通俗易懂，图文并茂，并与宜兴茶的发展历史有机结合，融历史、茶文化和历代茶艺于一体。将茶史上"唐煮、宋点、明瀹"的泡茶方式，一一呈现给大家，让青少年和爱茶之人，系统了解茶文化在每个不同历史时期所体现的时代风貌，更好地弘扬陆羽倡导"精行俭德"的茶艺精神。

最后，我衷心希望：宜兴茶文化能在全社会的共同努力下，在推广普及的基础上得到提高，在新的历史时期不断发扬光大，使"阳羡茶"绽放出新的光彩，造福当代，惠泽后人！

宜兴市茶文化促进会会长　　杨生君

目　录

饮茶思源话神农 ·································· 鸿　华 /001

周武王首受贡茶 ·································· 茶　翁 /003

吴主孙皓"以茶代酒" ···························· 茶　翁 /005

两晋南北朝倡导"以茶养廉" ······················ 茶　翁 /008

"茶圣"陆羽 ···································· 盛畔松 /010

陆羽荐贡"阳羡茶" ······························ 盛畔松 /022

皇家气派"喊山祭" ······························ 盛畔松 /030

且尽卢仝七碗茶 ·································· 茶　翁 /033

历代名茶数蒙顶 ·································· 王从仁 /037

良马千匹换《茶经》 ······························ 鸿　华 /039

宋徽宗嗜茶撰《大观茶论》 ························ 茶　翁 /042

张廷晖献茶园享庙祀 ······························ 茶　翁 /045

王安石三难苏学士 ································ 鸿　华 /047

苏东坡竹符换水 ·································· 茶　翁 /050

茶谜、茶诗与茶联·······················鸿　华 /053

斗茶一曲传佳话·························茶　翁 /056

郑可简献"草朱"换官帽···············鸿　华 /061

明太祖夜巡"尝茶赐官"···············茶　翁 /063

驸马贩私茶被赐死·····················鸿　华 /065

文征明夜煮"阳羡茶"···············盛畔松 /067

唐寅嗜茶多茶画·······················朱郁华 /071

普洱茶缘何称"孔明树"···············王从仁 /076

康熙御赐"碧螺春"···················茶　翁 /079

乾隆御封"龙井茶"···················茶　翁 /082

乾隆御赐"试茗阁"···················鸿　华 /086

郑板桥"茶结姻缘"···················鸿　华 /089

蒲松龄摆茶摊觅《聊斋》···············茶　翁 /093

观音赐茶韵味浓·······················王从仁 /096

吴昌硕戒毒嗜茶·······················鸿　华 /099

孙中山倡导"茶为国饮"···············鸿　华 /103

老舍的山城茶情·······················凯　亚 /105

名山名茶说"毛峰"···················茶　翁 /113

后　记·································王敖盘 /117

饮茶思源话神农

鸿华

陆羽《茶经》说："茶之为饮，发乎神农氏。"《淮南子·修务训》记载："古者民茹草饮水，采树木之实，食蠃蛖之肉。"时多疾病毒伤之害，于是"神农乃始教民播种五谷，相土地宜燥湿肥硗高下，尝百草之滋味，水泉之甘苦，令民知所避就。当此之时，一日而遇七十二毒，得荼而解之。"荼即茶也。

神农氏，就是远古三皇之一的炎帝，是中草药、茶叶、谷物的"发明者"，传说中的农业神。他不仅教人们播种五谷，还教人们识别各种植物。神农的丰功伟绩使他成为中华民族文明的开山鼻祖之一。古时候的先民，吃东西都是生吞活剥的，因此常为乱吃东西而生病，甚至丧命。神农决心尝遍所有的东西，好吃的放在身子左边的袋子里，告诉大家可以吃；不好吃的就放在身子右边的袋子里，作药用。传说他的肚皮是透明的，能看到肠胃和吃进去的东西。凡神农亲口品尝过的东西，就会仔细观察它们在肚皮里的变化，从而体会、鉴别安全与否。

有天，神农在采药中尝到了一种有毒的植物，顿时感到口干舌麻，头晕目眩，他赶紧背靠一棵大树坐下，闭上眼休息。这时，一阵风吹来，树上落下几片绿油油的带着清香的叶子，神农信手拣了两片放在嘴里咀嚼，没想到一股清香油然而生。这种叶子吃进肚子里后，在肚子里游来游去，不一会儿，整个肠胃就像洗过一样干净清爽，顿时感到舌底生津，精神振奋，不适感一扫而空。

神农好生奇怪，赶紧再拾起几片叶子仔细观察，发现这种树叶的叶形、叶脉、叶缘均与一般的不同，神农便采了一些带回去仔细研究。后来，神农记住了这种树和叶子，并给它起了个名字叫"茶"。以后，他每当吃到有毒的东西，便立即吃点茶，让它在肚皮里把毒物消灭掉。于是，神农将茶放进左边的袋子里。还有一次，神农尝到了一朵像蝴蝶样的淡红色小花，甜津津的，香味扑鼻，这是"甘草"。就这样，神农辛苦地尝遍百草，每次中毒，都靠茶来解救。后来，据说他左边的袋子里装有花草根叶四万七千种，右边袋子里有三十九万八千种。

但有一天，神农尝到了"断肠草"，这种毒草太厉害了，眼见水晶肚子里在断肠，还来不及吃茶解毒就死了。因为他是为了拯救人们而牺牲的，后人尊称他为"药王菩萨"，永远地纪念他。

神农艰辛尝百草

周武王首受贡茶

茶翁

茶祭

据《华阳国志·巴志》记载，大约在公元前 1025 年，周武王姬发率周军及诸侯伐灭殷商的纣王后，便将其一位宗亲封在巴地。这是一个疆域不小的邦国，它东至鱼凫，西达僰道，北接汉中，南及黔涪。巴王作为诸侯理所当然要向周武王（天子）上贡。《巴志》中开具了这样一份"贡单"："土植五谷、牲具六畜、桑蚕麻芒、鱼盐铜铁、丹漆茶蜜、灵龟巨犀、山鸡白雉、黄润鲜粉。"

既是贡品，一定珍贵。但巴王上贡的茶却是珍品中的珍品。《巴志》在这份"贡单"后还特别加注了一笔："其果实之珍者，树有荔枝，蔓有辛蒟，园有芳蒻香茗（亦指茶）。"说明上贡的不是深山野岭的野茶，而是专门有人培植管理的茶园里的香茗。

《华阳国志》是我国保存至今最早的

地方志之一，作者是东晋时代的常璩，字道将，蜀郡江原（今四川崇庆东南）人，是一个既博学、又重实地采访的司马迁式的学者，他根据非常丰富的资料，于公元355年前撰写了这本有十二卷规模的书。

周武王接纳了茶这宗贡品，是用来品尝、药用还是别有所为，目前尚不得而知。但从《周礼》这本书中似可探知茶还有别的用处。《周礼·地官司徒》中说："掌茶。下士二人，府一人，史一人，徒二十人。""茶"即古"荼"字。掌茶在编制上设二十四人之多，干什么事呢？该书又称："掌茶：掌以时聚茶，以供丧事；征野疏材之物，以待邦事，凡畜聚之物。"原来，茶在那时不仅是供口腹之饮，而且还是

茶贡图

邦国在举行丧礼大事时的必不可缺的祭品，必须要有专门一班人来掌管。

此外，《尚书·顾命》中说道："王（指成王）三宿、三祭、三诧（即茶）。"这说明周成王时，茶已代酒作为祭祀之用。由此可见，茶在三千多年前的周代，即已有了相当高的地位。

吴主孙皓『以茶代酒』

茶翁

吴主设计以茶代酒

　　三国时，在长江下游的东吴，宫廷饮茶已成风气，茶成为吴国宴会上的高级饮料。《三国志·吴书·韦曜传》记载了吴国末代国君以茶代酒的故事。

　　孙皓经常举行宴会，招待群臣，规定凡参加宴会的人，至少每人得喝七升；每次斟满杯后，须举杯一饮而尽，并亮杯表明干掉了，喝不下的人就要硬灌。孙皓常以此取乐，并以酒后胡言乱语作为惩治臣僚的罪名。当时的大臣韦曜非常受孙皓宠幸，但不会喝酒，酒量不过两升。孙皓对他特别优待，担心他不胜酒力出丑态，他关照御厨"密赐茶荈以当酒",让韦曜以茶代酒,蒙混过关。所以,每次宴会上,不能喝酒的韦曜,居然能和其他大臣一样干杯,喝酒七升以上,这就是以茶代酒故事的由来。

可惜好景不长,韦曜受到孙皓宠爱,是因为他博学多闻,才识过人。当孙皓要他为其父孙和撰写史记掺假说好话时,韦曜却秉笔直书,不肯歪曲事实,因而触怒了孙皓,最后被杀头送命。

孙皓的曾祖孙权,字仲谋。少年有成,15岁时就执掌阳羡当县令,曾在啄木岭唐贡茶"茶山境会"处为民除害,射杀老虎,19岁时兄长孙策遭刺杀身亡,孙权继而掌事,成为"三分天下有其一"的一方诸侯。孙皓未当皇帝时,主宰吴郡乌程侯,阳羡县曾是他所辖的治下,他对"国山荈"早就亲睐有嘉。他当皇帝后曾封禅国山(现善卷洞之离墨山)。孙皓初当皇帝时,也是想有一番作为的。他下令抚恤人民,开仓赈灾,减省宫女,放生宫内多余的珍禽异兽,一时被誉为令主。谁知稍有所成就后,他渐渐变得粗暴骄盈,暴虐治国,又好酒色。他曾一时兴起,下令迁都武昌(今鄂州),大兴土木,劳民伤财。在民怨沸腾后,只得回迁建邺(今南京)。

"以茶代酒"本是孙皓酒宴上玩弄的偷梁换柱、暗渡陈仓的把戏,但从晋代开始却成了官员表示廉洁的一种象征。

孙皓封禅国山碑

两晋南北朝倡导『以茶养廉』

茶翁

《茶经》和《晋书》都曾记载了这样一个故事：东晋时，陆纳任吴兴（现浙江湖州）太守，将军谢安准备到陆府拜访。陆纳的侄子陆俶见叔叔无所准备，便自作主张准备了一桌十来个人的酒馔。谢安到了以后，陆纳仅以几盘果品和茶水招待。陆俶怕怠慢了贵客，忙命人把早已备下的酒馔搬了上来。当侄子的本来想叔叔会夸他会办事，谁知客人走后，陆纳大怒，说："你不能为我增添什么光彩也就罢了，怎么还这样讲奢侈，玷污我一贯清操绝俗的素业？！"于是，当下就把侄子打了四十大板。

陆纳，字祖言，《晋书》有传。其父陆阮即以蔑视权贵著称，号称"雅量宏远"，虽登公辅，而交友多布衣。陆纳继承乃父之风，他当吴兴太守时不肯受俸禄，后拜左尚书，朝廷召还，家人问要装几船东西走？陆纳让家仆装点路上吃的粮食即可。及船发，"止有被袱而已，其余并封以还官"。可见，陆纳反对侄子摆酒请客，用茶水招待谢安并非吝啬，亦非清高简慢，而是表示要提倡清操节俭。

与陆纳同时代还有个桓温也主张以茶代酒。桓温既是个很有政治、军事才干的人，又是个很有野心的人物。曾率兵伐蜀，灭成汉，因而威名大振，欲窥视朝廷。不过，在提倡节俭这一点上，也算有眼光。他常以简朴示人，"每宴惟下七奠，伴茶果而已"。他问陆纳能饮多少酒？陆纳说只可饮二升。桓温说：我也不过三升酒，十来块肉罢了。桓温的饮茶也是为了表示节俭的。

　　我国在两汉时崇尚节俭，西汉初，皇帝出行还坐牛车。东汉国家已富，但人际交往和道德标准，仍崇尚孝养、友爱、清节、守正，士人皆以俭朴为美德。两晋南北朝时风尚大变。此时门阀制度业已形成，不仅帝王、贵族聚敛成风，一般官吏乃至士人皆以夸豪斗富为美，多效膏粱原味。在这种情况下，一些有识之士提出"养廉"问题。于是，出现了陆纳、桓温以茶代酒的故事。

　　南北朝时，有的皇帝也以茶表示俭朴。南齐世祖武皇帝，是个比较开明的帝王，他在位十年，朝廷无大的战事，百姓得以休养生息。齐武帝不喜游宴，死前下遗旨，说他死后丧礼尽量节俭，不要多麻烦百姓，灵位上千万不要以三牲为祭品，只须放些干饭、果饼和茶饮便可以。并要"天下贵贱，咸同此制"，带头提倡简朴的好风气。这在帝王中也算难得。以茶为祭品大约正是从此开始的。

陆纳杖侄保清操

"茶圣"陆羽

茶的故事

盛畔松 整理

在中国茶文化史上，陆羽所创造的一套茶学、茶艺、茶道思想，以及他所著的《茶经》，是一个划时代的标志，也是对世界茶文化的杰出贡献。

在我国封建社会里，研究经学被视为士人正途。像茶学、茶艺这类学问，是被视为难入正统的"杂学"。陆羽与其他士人一样，对传统的中国儒家学说十分熟悉并悉心钻研，深得个中堂奥。但他又不像一般文人，易被儒家学说所拘泥，而能入乎其中，出乎其外，把深刻的学术原理融入茶的物质生活之中，从而创造了茶文化，并使之成为一种民族性格、民族精神而被历代承继。

有功于此的，便是被奉为茶圣的竟陵子陆羽。下面，让我们循着陆羽坎坷的成长经历，来寻找陆羽研究茶学的思想轨迹和这种创造性的构建精神。

命运坎坷一弃儿

陆羽一生富有传奇色彩。他因长相丑陋，3岁时被遗弃。据传说，唐开元二十一年（733年）中秋节后的第二天清晨，在复州竟陵（今湖北省天门县）西湖之滨，当地龙盖寺主持僧智积禅师正好行走到一座小桥上时，远远听到一阵鸿雁的哀号和小孩的啼哭声，转身望去，不远处有一群大雁围在一起。他匆匆赶去，只见一个弃儿蜷缩在大雁羽翼下，瑟瑟发抖。智积禅师口念一声"阿弥陀佛"，快步把地上的孩子抱回了庙里。随后，智积禅师为给他起名，乃以《易》占卦辞，"鸿渐于陆，其羽可用为仪"。于是就给这个孩子定姓为"陆"，取名为"羽"，以"鸿渐"为字。

湖州妙西陆羽像

智积为唐代名僧，据《纪异录》载，唐代宗时曾召积公入宫，给予特殊礼遇，可见也是个饱学之士。陆羽自幼在庙中得其教诲，必深明佛理。积公又好茶，所以陆羽很小便懂得艺茶之道，学会了烹茶之术。

不过，晨钟暮鼓对于一个孩子来说，毕竟过于枯燥，况且陆羽自幼志不在佛，而有志于儒学研究。9岁那年，智积禅师要他抄经念佛，他却问智积："释氏弟子，生无兄弟，死后无嗣。儒家说不孝有三，无后为大。出家人能称有孝吗？"并公然称："羽将授孔圣之文。"智积恼他桀骜不驯，藐视尊长，就用繁重"贱务"磨练他，迫他悔悟回头，要他"扫寺地，洁僧厕，践泥污墙，负瓦施屋，牧牛一百二十蹄"。陆羽并不因此气馁屈服，求知欲望反而更加强烈。他无纸学字，以竹片划牛背为书。偶得张衡《南都赋》，虽并不全识，却危坐展卷，念念有词。智积知道后，恐其浸染外典，失教日旷，又把他禁闭寺中，令芟剪卉莽，还派年长者管束。

12岁那年，他乘人不备，逃出龙盖寺，到了一个戏班子里学演戏，作了优伶。他虽然其貌不扬，又有些口吃，但幽默机智，很有表演才能，演的丑角很成功，正好掩盖了生理上的缺陷，后来还撰写了三卷笑话书《谑谈》。

唐天宝五年（746年）成为陆羽一生中的重要转折点。这一年竟陵太守李齐物在一次聚会中，看到了陆羽出众的表演，十分欣赏他的才华和抱负，当即赠以诗书，并修书推荐他到隐居于火门山的邹夫子那里读书，用五年多时间潜心研习儒学。

天宝十一年（752年），礼部郎中崔国辅贬为竟陵司马。是年，陆羽告别邹夫子下山，闻名前往拜师。崔国辅与陆羽相识三年，交情甚笃，两人常一起出游，品茶鉴水，谈诗论文，结成莫逆之交。天宝十三年（754年），陆羽为考察茶事，出游巴山峡川。行前，崔国辅以白颅乌犎（即白头黑身的大牛）、白驴、乌犁牛及"文槐书函"相赠。21岁的陆羽，从此开始了对茶的考察游历。他一路风餐露宿，饥食干粮，渴饮茶水，经义阳、襄阳，往南漳，进入四川巫山。一路之上，他逢山采茶，遇泉品水，目不暇接，口不暇录。期间常身披纱巾短褐，跋着藤鞋，独行野中，深入农家，采茶览泉，评茶品水。或吟诗诵经，杖击林木，手弄流水，迟疑徘徊，每每至日黑尽兴，方号泣而归，时人称谓为之"楚狂接舆"。每到一地，他都与当地村叟讨论茶事，详细记入"茶记"。还将大量不同茶叶制成标本，随船带回竟陵。

天宝十五年（756年），正值"安史之乱"之际，陆羽离开家乡竟陵东冈村，陆羽避乱过江南下，跋山涉水，考察茶事，品泉鉴水，探究茶学，搜集大量资料，为撰写《茶经》作准备。进入江苏境内后，他先在南京栖霞寺，后又在茅山隐居了一段时光，借此整理茶事资料。后又经丹阳、扬州、镇江、常州，后来到宜兴、长兴一带，"他远上层崖，遍访茶农，品茗辨水"。最后落脚于湖州杼山妙喜寺，与唐代有名的诗僧，比陆羽年长13岁的皎然结成缁素忘年之交。皎然为晋代大诗人谢灵运的十世孙，他既是诗僧又是茶僧，皎然不仅向陆羽提供自己对茶的研究心得，介绍茶道知识，还让陆羽深入茶山，深入研究茶叶栽培、管理、采摘、制作等一系列与茶有关的知识。后来，陆羽所著《顾渚山记》便是他深入茶区后所记的心得。

自唐初开始，各地饮茶之风渐盛。但饮茶者并不一定都能体味饮茶的要旨与妙趣。于是，陆羽决心总结自己半生的饮茶实践和茶学知识，写一部茶学专著。

为了让陆羽有良好的写作环境，皎然还帮助陆羽在湖州建造了"苕溪草堂"。其间，陆羽活动的范围主要在苏浙皖三省交界的茶叶产区，义兴是他经常往来之地，常州刺史李栖筠请他品尝阳羡茶后，他认为可以进贡给皇上。公元763年，持续八年的"安史之乱"终于平定，陆羽又对《茶经》作了一次修订。他还亲自设计了煮茶的风炉，把平定"安史之乱"的事铸在鼎上，标明"圣唐灭胡明年造"，以表明茶人以天下之乐为乐的宽大胸怀。在此之前，陆羽的《茶经》已在人间相互转抄，影响很大。大历九年（774年），湖州刺史颜真卿修《韵海镜源》，陆羽积极参与其事，

陆羽湖州青塘别业

有幸博览群书，从而转录了大量茶的历史资料，又补充完成了《七之事》。于此期间，颜真卿在湖州郊区的苕溪之畔，为陆羽建造了"青塘别业"。

从大历十年（775年）开始，陆羽在《茶经》中充实了大量茶的历史资料，又增加了一些茶事内容，大约于建中元年（780年），《茶经》方正式成书，完美问世。这样，从陆羽在寺院成长，六七岁跟积公学习烹茶开始，到约48岁时《茶经》问世，得以完成中国茶史上第一部举世瞩目的《茶经》，历朝历代广为传抄。

《茶经》问世后第二年，经颜鲁公的推荐，朝廷诏拜陆羽为"太子文学"，不就。接着，改任"太常寺太祝"，又不从命。这两个官都是专管祭祀神主的官。但陆羽不愿去就职，他对做官不感兴趣，不爱荣华富贵。他曾写过一首《六羡歌》："不羡黄金罍，不羡白玉杯。不羡朝入省，不羡暮入台。千羡万羡西江水，曾向竟陵城下来"。他认识到人从本质上讲都是这个世界的匆匆过客，应不为功名所累，不为世俗所羁，应抛弃"我执"、"法执"，以闲适的心态去品味生活、体悟人生。他专心致志、津津乐道茶文化，仿佛他

湖州杼山陆羽墓

生来的使命就是为茶文化。

大约于建中四年（783年），陆羽从湖州到信州上饶城西北的茶山旁建宅立舍，凿井开泉，种植茶树，灌溉茶园，品茗试泉，在那里隐居了一段时间。据清道光六年（1826年）《上饶县志》载："陆鸿渐宅，在城西北茶山广教寺。昔唐陆羽居此……《图经》：羽性嗜茶，环居有茶园数亩，陆羽泉一勺，今为茶山寺"。唐贞元元年（785年），陆羽与诗人孟郊在信州茶山相会。事后孟郊在追忆诗《题陆鸿渐上饶新开山舍》中称：

> 惊彼武陵状，移归此岩边。
>
> 开亭拟贮云，凿石先得泉。
>
> 啸竹引清吹，吟花成新篇。
>
> 乃知高洁情，摆落区中缘。

在诗中，孟郊述说陆羽在上饶时的生活情况，俨然一派茶人模样：开亭、凿泉、啸竹、吟花，活生生的一副隐士生活。

贞元二年（786年），陆羽应洪州（今江西南昌）御史肖喻之邀，寓居洪州玉芒观，并编就《陆羽移居洪州玉芒观诗》一辑。三年后，又应岭南节度使李齐物之子李复之邀，去广州辅佐李复。第二年，重又辞归洪州玉芒观。

贞元八年（792年），陆羽从洪州返回湖州青塘别业。丰富的学识，不同凡响的经历，促使他悠闲品茗，闭门述著。先后著就《吴兴历官记》三卷、《湖州刺史记》一卷，还有《穷神记》《释怀素与颜真卿论草书》《陆文学自传》等十九部著作。

贞元十年（794年），陆羽又来到苏州虎丘寺。在虎丘寺旁开凿井泉，用以煮水试茗。同时还开山植茶，汲泉灌溉，使种茶成为一业，并评定"苏州虎丘寺石泉水，第五"。

贞元十五年（799年），岁值陆羽晚年，因他怀念湖州，重回青塘别业。在他的挚友皎然圆寂几年后，于贞元二十年（804年），陆羽告别了青塘别业，告别了他一生为之奋斗的茶业，葬于杼山，与皎然灵塔隔谷相望。一代茶文化宗师，就此结束了生命。

相互浸润儒释道

要想了解陆羽的茶文化精神，仅知其生平还不够，还要从其与友人交往中了解其思想脉络。

陆羽为人重友谊。《新唐书》本传说他"闻人善，若在已；见有过者，规切至忤人。……与人期，雨雪虎狼也不避也"。陆羽无心仕宦、富贵，生平不畏权贵，一生所交者多诗人、僧侣、隐士与高贤。

中国茶文化与佛教有不解之缘，陆羽与僧人也有不解之缘。他自幼为智积禅师收养，年长又与僧人皎然结为好友。皎然不仅是中唐著名学僧，也是著名诗僧，死后有文集十卷，宰相于頔为之作序，唐德宗敕写其文集藏之秘阁。陆羽与他相识于上元初，在杼山妙喜寺住下后，经常进深山、采野茶，辛苦万分。在《陆文学自传》中，有"往往独行野中，诵佛经，吟古诗，杖击林木，手弄流水，夷犹徘徊，自曙达暮，至日黑兴尽，号泣而归"之说。对此，高僧灵一就有一首描写陆羽行状的诗。诗曰：

披露深山去，黄昏蜕佛前。

耕樵皆不类，儒释又两般。

诗中，灵一将陆羽在妙喜寺的活动踪迹，以及陆羽的为人品行，都作了概括性的描述。

上元二年（761年），陆羽还曾寄居江宁（今南京）栖霞寺，调研茶事活动，潜心研究茶事。在途中，还去丹阳看望了诗人皇甫冉。对此，有皇甫冉作《送陆鸿渐栖霞寺采茶》诗为记。诗曰：

> 采茶非采菉，远远上层崖。
>
> 布叶春风暖，盈筐白日斜。
>
> 旧知山寺路，时宿野人家。
>
> 借问王孙草，何时泛碗花。

陆羽研究茶文化紧紧与寺庙、佛教、僧人为伍，所以，陆羽的茶文化思想中吸收了许多佛家原理。

陆羽的好友不仅有僧人，还有道士。其中最著名的是李冶。李冶又名李秀兰，自幼聪慧洒脱，琴棋书画皆韵。成年后出家，当了女道士。尤擅格律诗，被称为"女中诗家"。陆羽在苕溪时，与皎然、灵澈等曾组织诗社，李秀兰多往与会。李秀兰晚年多病，孤居太湖小岛上，陆羽泛舟前去探望，

茶圣陆羽

皎然灵塔

李秀兰还写诗以志，足见其友谊之深。陆羽在《茶经》中，将道家八卦及阴阳五行之说融入其中，反映了他所受的道家影响也不小。

陆羽交往最多的是诗人、学士。其中除他青少年时期得到李齐物、邹夫子（邹坤）的启蒙教育，后受到崔国辅在文学方面的指点熏陶。走上茶学之路后，与皇甫冉、皇甫曾、刘长卿、卢幼年、张志和、耿沣、孟郊、戴叔伦交往甚密，诗唱酬和。这些饱学之士都是刚正率直并深有抱负。一次陆羽问张志和最近与谁人经常往来，志和说："太虚为室，明月为炫，同四海诸公相处，未尝少别！"足见其胸襟。其《渔歌子》云："西塞山前白鹭飞，桃花流水鳜鱼肥。青箬笠，绿蓑衣，斜风细雨不须归。"陆羽所交诗人大多崇尚自然美，这对陆羽在《茶经》中创造美学意境大有影响。耿沣为"大历十大才子"之一，曾与陆羽对答联诗，作《连句多暇赠陆三山人》（陆三，是诗友们排行送陆羽的别号）：

> 一生为墨客，几世作茶仙。（沣）
>
> 喜是攀阑者，惭非负鼎贤。（羽）
>
> 禁门闻曙漏，顾渚入晨烟。（沣）
>
> 拜井孤城里，携笼万壑前。（羽）
>
> 闲喧悲异趣，语默取同年。（沣）
>
> 历落惊相偶，衰赢猥见怜。（羽）

诗书闻讲诵，文雅接兰荃。（沸）

未敢重芳席，焉能弄彩笺。（羽）

黑池流研水，径石涩苔钱。（沸）

何事亲香案，无端狎钓船。（羽）

野中求逸礼，江上访遗编。（沸）

莫发搜歌意，予心或不然。（羽）

诗中，耿沸不仅充分肯定了陆羽在茶学方面的贡献："一生为墨客，几世作茶仙。""茶仙"之名即由此而来。同时，也充分肯定了陆羽在文学、艺术、书法等方面的成就，并肯定《茶经》必名垂后世。戴叔伦更是陆羽知音。戴曾遭同僚陷害，后来冤案昭雪，陆羽特与权德舆各作诗三首相庆。由此可见陆羽之人品。

陆羽友人中，最值一书的是颜真卿。颜以书法为后世称道，其实，他还是著名的军事家和政治家。"安史之乱"爆发时，颜真卿正任平原郡太守，胡骑残暴河北，唯真卿战旗高扬，并领导了河北抗敌斗争，使平原郡与博平、清河得以独保。代宗时，真颜谏朝廷，揭叛臣，忠耿烈烈。颜氏于政治、军事、法律、书法、音韵、文学皆有造诣。大历八年（773年），他到湖州任刺史，与皎然、陆羽结为挚友。

陆羽受儒、道、释诸家影响，且能融名家思想于茶理之中，与他一生结交这么多有名的思想家、艺术家有很大关系。《茶经》绝非仅述茶，而能把诸家精华及唐代诗人的气质和艺术思想渗透其中，从而奠定了中国茶文化的理论基础。

博学多才唯挚真

我们从《茶经》本身可以看到，陆羽对自然、地理、气候、土地、水质、植物学、哲学、文学都有很深的造诣。所以《茶经》的问世绝非一日之功，而是靠长期多方面知识的积累才得以成功。陆羽一生多才多艺，他幼年学佛，少年学戏，后开始钻研孔氏之学，及长开始钻研茶学，又多与诗人交往，并擅长诗赋。此外，陆羽对书法、建筑和方志学也造诣极深。他评价颜体的奥妙说：书法家徐浩习王羲之笔法，只得其"皮肤鼻眼"，而颜真卿能"得右军筋骨"，所以表面不像，却青胜于蓝，能够创新。其见解十分精辟。

唐代对地理学十分重视，各州府三年一造"图经"，以送尚书省，于是出现了许多著名的地理学家。陆羽不是朝廷命官，但每到一地便留心于地方情形。颜真卿的《湖州乌程县杼山妙喜寺碑记》曾记载，陆羽曾作《杼山记》。《湖州府志》又说他曾作《吴兴记》。今可考证者，陆羽所作方志有：

一、《杼山记》，记湖州杼山地理、山川、寺院。

二、《图经》，记湖州苕溪西亭之由来及方位、自然环境。

三、《吴兴记》，湖州地区地理、风俗等全面情况，故《湖州府志》称其为本郡专志之肇始。

四、《惠山记》，述无锡周围山川、物产、掌故。

五、《灵隐山二寺记》，记余杭灵隐山之山水、寺庙等。

陆羽还精通建筑学。颜真卿曾在湖州杼山妙喜寺造"三癸亭"，系大历八年十二月二十日建成，恰逢癸年、癸月、癸日，故以"三癸"名之。此亭为陆羽设计建造，颜真卿记事并书写，皎然和诗一首。三大名人集于一处，也算当时一绝。皎然诗下有注"亭即陆生所创。"另外，陆羽居上饶时也曾自造山舍，依山傍水，凿泉为井，临山建亭，植竹林花圃。诗人孟郊惊叹其将陶渊明笔下的风景再现，说他的亭可收云贮雾；凿石所引山泉及所植迎风而啸的竹林，可谐管弦之声。可见，陆羽还深得古代造园之法。在《茶经》中，可看到陆羽形容茶汤滚沸时的优美文字："枣花漂然于环池之上""回潭曲渚青萍之始生"等，如无对园林艺术的体验，怎可将大自然的微妙搬到茶釜之中！

陆羽刚直，一生卓而不群。正是他坎坷的人生经历，形成了他拓落的性格，丰富了他深遂的学识，而广博的知识又促使他能深明茶之大道。陆羽虽深沉，但并不孤僻，他会作诙谐之戏，热爱生活，热爱自然，更关心国家，关心百姓。《茶经》是世界上第一部集自然科学与社会科学于一体的茶事专著，也是一本彪炳千秋的不朽之作。陆羽所取得的伟大业绩，远不止茶及茶文化方面，还有文学等其他诸多方面的，只不过"盖为《茶经》所掩"而已。

茶圣交友图

陆羽荐贡『阳羡茶』

盛畔松

俗话说："千里马常有而伯乐不常有"。茶圣陆羽堪称是1200多年前唐代义兴"阳羡茶"的伯乐，是他让长在太湖边，深藏山林间的阳羡茶，走向了唐王朝的宫殿，成为天子的口腹之享，从而留下了诗人卢仝"天子须尝阳羡茶，百草不敢先开花"的千古绝唱。

岁月穿越至公元766年，正是唐王朝大历元年，代宗登基四年之后刚改国号为大历。陆羽为写《茶经》躬身践行，在苏浙交界啄木岭南的顾渚山区购买了一片茶园，亲自种茶制茶，品紫笋茶，鉴金沙泉水，探究茶之奥秘，为《茶经》的最后修改定稿准备第一手资料。而此时，岭北侧的义兴县湖㳇小镇，来了一位曾经的御史大夫李栖筠，此刻他正在常州刺史的任上，刚刚在宜兴山区剿灭了因饥荒而聚众闹事的山贼张度。他思量道：张度能在义兴山区盘踞二十多年，屡剿不灭，其深层原因还是山区老百姓饥寒交迫，生活无着落所致。面对山民的贫困生活，他正苦思寻求改善山民生活的良策。

春暖花开的一天，正当春茶开采时光，陆羽翻过啄木岭，来到湖㳇山区考察茶事。

消息很快就传到了李栖筠的耳朵里。李在京城就久闻陆羽大名，知"陆君善于茶，盖天下闻名矣。"

于是，他赶紧派差役出去寻访，关照务必要将陆羽请到湖㳇镇西边的"颐山山房"面见，这里曾是晚唐宰相陆希声父亲在义兴建造的别业，后又是陆希声两次辞官不就隐居之地。眼下正是李栖筠下榻公干的临时栖息之地。

大约半晌时辰，差役带着一个蓝衣布衫的男子到来。只见来人身披纱巾短褐，趿着藤鞋，肩上背着竹编茶篓，手里提着一只竹编都篮。李栖筠心里一惊："原来陆羽容貌是这番模样。"但因仰慕其才学，紧赶几步迎上前去，作揖问候道："久闻陆君大名，今日得以相见，幸会！幸会！"陆羽放下都篮，手抱双拳，口吃着躬身说道："岂敢……岂敢……山野茶人……幸得刺史高看……"

两人边聊边进了门厅，宾主刚坐定，李栖筠忙命童仆准备烧水煮茶。陆羽连忙示意道："煮茶还是让我来吧。"他从容地从都篮中拿出煮茶必备的茶具，有他自己设计的风炉，有煮水的广口铁镄，有他亲手制作的茶荚，还有一包上好的青刚栗木炭……他一一排列展开。

随即开始用炭生火煮茶。李栖筠忙唤童仆拿出前几天旁边庙里和尚送来的上好阳羡茶饼，提来一桶甘冽的玉女潭泉水。笑着对陆羽说道："今天请你品尝一下义兴的野山茶，

宜兴啄木岭复建的唐代境会亭

不知滋味如何？"

　　陆羽接过茶饼，看看风炉①中的木炭已燃旺起来，就用火铗②夹住茶饼开始烤炙，待茶饼水汽开始散发，饼表面起了哈蟆皮状时，赶紧装入一厚的纸囊③之中，防止香气散发。并吩咐童仆一会儿稍微冷却后，即用茶碾④将其碾碎，再用茶罗⑤进行筛选。

　　他自己则在风炉上架起镀⑥，用瓢⑦舀了几勺玉女泉水，约摸有二人可饮三碗量的水，开始烧水煮茶。不一会儿，见到镀中"鱼眼初起，微微有声"的一沸时，忙用"揭"⑧在"醯簋"⑨中取出一点盐放入镀中；又见镀边缘如"涌泉连珠"之际，急用瓢舀起一勺放进"熟盂"⑩中，备作后面"育华"用；他随即用"竹筴"⑪在激汤中心加以搅动，根据二人品饮所需的量，用"则"⑫量出碾好的茶末，倒入镀中的旋涡中心；瞬间镀中茶水"腾波鼓浪"，倒入育华之用的"隽永"。并摆好两只茶碗，舀起泛起之沫饽⑬，均匀放进碗中，再舀出茶汤，用滤水囊⑭过滤后均匀分之。并双手捧起一碗，恭请李栖筠品尝，然后自己也端起一碗，趁"珍鲜馥烈"之时开始品鉴。

　　三碗茶下肚，陆羽通过"嚼味嗅香，啜苦咽甘"，看到泡出的茶汤色白而厚，沫饽之花挂盏时间很久，便开始评价道：此茶"芳香甘鲜，冠于他境，可以荐上。"李栖筠听后

境会亭遗存古石墩

大喜，连忙把自己的想法告诉陆羽："如果进贡，制茶要掌握哪些要点，方能显示义兴茶的特色？煮茶要掌握哪些要领才能显出茶的色、香、味？"对茶园管理、采茶等更是不耻下问，一一记录下来，以便在后面奏请皇上的奏折中写得更加详实，为阳羡茶纳贡作好准备。

唐代贡茶古驿道

李栖筠为官清廉，寡言少语，做事却敏于行而纳于言。他想，眼下正是新茶开采之际，不如当年就把贡茶做出来。于是他要求陆羽留下来协助他做好义兴贡茶。陪同到湖㳇、茗岭、善卷、铜官山一带对义兴主要产茶地现场察看，指导如何采摘制作。此也正合陆羽心意，他想可以借此机会在义兴深入考察一下茶事。李栖筠随即通知义兴县令一道陪同考察，让他为阳羡茶纳贡做好与茶农的协调事务。并在罨画溪的溪头搭起土墙茅屋，做制作贡茶的茶舍。

陆羽在李栖筠的盛情邀请下，乐意有机会深入了解义兴茶的实际情况，于是便在颐山山房里逗留了下来，决心用自己积累的茶学经验，为义兴阳羡茶进贡尽一个茶人的义务。

就在公元766年的春天，第一批进贡的阳羡茶在李栖筠的主导下，在陆羽的具体指导下，终于制成五百串，一串十饼，每串为一斤，计五百唐斤（十六两制，每唐斤相当于现在的661克）。李栖筠封装完毕，修了一封长长的奏章，用快马沿着古驿道送走，四千多里路程，十天之内便送到了皇城长安。刚刚改年号为大历的代宗皇帝品尝之后，龙心大悦，钦定义兴阳羡茶作为御贡。李栖筠因贡茶有功，也给予了褒奖。而宜兴山区的茶农，每天采茶和制茶也可获得"日为三尺绢"的报酬，对贫苦的山农来说，一年中也算有比较高的收入。所以，常州刺史李栖筠是做了桩一举两得的好事。至于晚唐衰落时期，各级督贡官员层层加码，私饱中囊，贡茶成为茶农的沉重负担，远不是李栖筠举贡时所能想到的。

翌年，湖州官员得悉是陆羽把阳羡茶举荐成贡茶，也请陆羽帮忙推荐长兴顾渚茶入贡。陆羽又通过李栖筠这层亲密关系，让顾渚紫笋茶也得以进贡。"顾渚与义兴接，唐代宗以其岁造数多，遂命长兴均贡。"自义兴、长兴分山析造紫笋贡茶开始，两地官员之间也开展激烈竞争，都想早一天把贡茶送到宫里，争邀获得皇帝的欢心。义兴这边"闻道新年入山里，蛰虫惊动春风起。天子须尝阳羡茶，百草不敢先开花。"长兴那边"春风三月贡茶时，尽逐红旌到山里。焙中清晓朱门开，筐箱渐见新芽来"。无论是湖州还是常州的地方官员都卯足了劲，州刺史在春分时就进山督办，把茶农驱赶上山采摘新芽。在送茶时也各出"高招"，以期能盖过对方一头，争取早一天送进皇宫，争得朝廷的赞扬。据《喜嘉泰吴兴志》载："湖与毗陵（即常州）交界，争耀先期，或诡出柳车，或宵驰传驿，争先万里，以要一时之津。"湖州向长安进贡，驿道必经义兴，为了让义兴看不出是进贡的茶，故把送茶叶的车辆也伪装成柳车。"柳车"按《汉语大词典》注解应为丧车，把运送贡茶的车装扮成丧车，为了争功邀赏，居然会有这种大不敬的做法，真可谓为无所不用其极了。这种事情发生之后，常湖两州的官员自然要向皇上反映。而朝廷又需要那么多好茶去开销。怎么办？

宜兴人好客邀茶友

陆羽鉴贡阳羡茶

公元770年，中国历史上第一座官焙贡茶院诞生了。它虽然建立在两州分界的啄木岭南面，但两州必须同一天在两州交界的啄木岭"境会亭"举行开山采摘仪式，除了朝廷钦派观察史督造，还邀请苏州刺史一道参加，亦算是第三方见证吧，以示公允。同时，两州采摘的嫩芽，统一质量，统一标准，统一制造，避免相互间不必要的竞争，同时也进一步扩大了产量。从大历五年（770年），义兴、长兴均贡五百串，稍后就达到每年二千串，至会昌中（843年）就达到了一万八千四百串。从李栖筠当初想为山农找一点生活出路，到贡茶成为当地茶农繁重的劳役，历史的发展总是不尽如人意的。

① **风炉**：为生火煮茶之用。用锻铁或揉泥铸成，形状像古鼎。

② **火筴**：又叫筋，就是火箸，圆而直，用以夹炭入炉。长一尺三寸，顶端扁平，不用装饰物，用铁或熟铜制成。

③ **纸囊**：用白而厚的剡藤纸双层缝制。用以茶炙热后储存其中，不使其香散失。

④ **碾**：橘木制成。其次用梨、桑、桐、柘木制成。用以碾碎茶饼。碾，内圆外方，内圆便于运转，外方以防止倾倒。里面放一个堕，不使它留有空隙。堕的形状如车轮（即碾轮），不用辐，只装轴。轴长九寸，阔一寸七分。堕的直径三寸八分，中厚一寸，边厚半寸。轴的中间是方的，柄是圆的。

⑤ **罗**：罗筛，用剖开的大竹弯曲成圆形，蒙上纱或绢。用以筛碾碎的茶末。

⑥ **镬**：即釜或锅，用以煮水烹茶，似今日茶釜。多以生铁制成。将镬的耳制成方形，使之容易放得平正；边制得宽阔，使能伸展得开；镬的中心部分要宽，使火力集中于中间，水就在其中沸腾，这样茶末就容易沸扬，滋味也就醇厚了。

⑦ **瓢**：又叫牺杓，用葫芦剖开制成，或用木雕成。牺就是木杓，现在常用的，用梨木制成。

⑧ **揭**：竹制，是取盐的用具。长四寸一分，阔九分。

⑨ **醯簋**：瓷制，放盐的器皿。圆径四寸，盒形、瓶形或壶形。

⑩ **熟盂**：瓷制或陶制，可盛水二升，储盛开水用。

⑪ **竹荚**：用小青竹制成，长一尺二寸，用以烤茶。遇火发出津液，借用它来提高茶味，但不在林谷中间就不容易办到。用精铁、熟铜之类制成的可以经久耐用。

⑫ **则**：用海贝、蛎、蛤等类的壳，或用铜、铁、竹制成汤匙形。是用茶多少的标准。大致煮一升的水，用一方寸匕的茶末，喜欢喝淡茶的可减少，爱好较浓的可增加。

⑬ **沫饽**：是茶汤的精华，薄的叫沫，厚的叫饽，细轻的叫花。

⑭ **滤水囊**：就是用来过滤煮过的茶汤，与现在的滤网作用相同。

皇家气派 「喊山祭」

盛畔松

据《唐义兴县重修茶舍记》载："义兴贡茶非旧也。前此，故御史大夫李栖筠实典是邦，山僧有献佳茗者，会客尝之。野人陆羽以为芳香甘辣，冠于他境，可荐于上。栖筠从之，始进万两。"自阳羡紫笋茶于大历元年（766 年）入贡以后，获得了代宗（李豫）帝的欢心，大历二年（767 年）又是陆羽通过李栖筠举荐，长兴紫笋茶也成为贡茶。因紫笋茶"叶芽显紫，新梢如笋，嫩叶背卷，青翠芳馨，嗅之醉人，啜之赏心"。

如今，长兴紫笋打响了传统贡茶品牌，宜兴紫笋却淹没在史籍之中，如果用现代观点来评论"紫笋茶"的话，唐代"紫笋茶"和明清"岕茶"均应为宜兴和长兴交界处的同一品牌，可以同时获得非物质文化遗产的地理商标。

话说回来，义兴与长兴同时均贡"紫笋茶"后，常州、湖州两府也在暗中角力竞争，仅仅三四年的辰光，便显现出互不相让的矛盾。朝廷督贡的官员看在眼里，急在心里。代宗皇帝也正为贡茶的需求增多而费心，茶会、茶宴、祭祀、视学赐茶、大臣赐茶等均需要茶，用途开支非常大，每年都在增加贡茶的数量。为了调节矛盾，提高产量，统一制作标准，提高茶叶品质，代宗皇帝决定在长兴顾渚山设立贡茶院。《吴兴志》载："顾渚与义兴接，唐代宗以其岁造数多，遂命长兴均贡，自大历五年（770年）始分山析造。岁有课额，鬻有禁令，诸乡

茶芽，置焙于顾渚，以刺史主之，观察史总之。"因宜兴贡茶产区与长兴顾渚山仅一岭之隔，"顾渚山往西北为凤亭山，连接西咽山，中有啄木岭、悬脚岭，以分水线与宜兴为界，系古代军事要隘，'系建安二十三年（218年）孙权射虎之处。'啄木岭，别名廿三湾，海拔400米左右，分水线北属宜兴，南属

乐天抱病赋茶诗

长兴，啄木岭与悬脚岭接……山墟名云，其丛薄之下，多啄木鸟，故名。"山南山北，实为同一茶区。

中国历史上第一座官焙贡茶院规模宏大，组织严密，管理精细，制作精良，处处显示皇家气派。"贡茶院有茶厂三十间，役工三万人，工匠千余人，岁造紫笋茶。每年贡期花'千金'之费生产万串以上。"采茶季节的役工和技工不是奴隶，是官方控制的茶农，为官家雇用"日为绢三尺"，报酬不算太低，而且明令禁止克扣工资，以调动积极性。

每年贡茶开采之日，除朝廷指派督贡官吏负责，当地州长官也有义不容辞之责，"刺史主之，观察使总之"。每当惊蛰之日，朝廷督贡的命官，常、湖两州刺史，同时邀请苏州刺史，一道相聚在啄木岭上的境会亭，举行规模盛大的"喊

山"开采仪式，祭山祭水祭茶神。当朝霞从太湖湖面泛起万道霞光，山上山下彩旗招展，鼓乐齐鸣，官员和三万役工在晨曦之中，齐声高呼"茶发芽"。宏亮的呼喊声回荡在山谷之中，瞬间，形成"碧泉涌沙，灿如金星"的景观。有诗记载曰："泉嫩黄金涌，芽香紫壁栽。"说来奇怪，只要每年贡期结束，泉水便会渐渐枯竭。

祭山仪式完毕之后，朝廷督贡官员便与常、湖、苏三州的刺史庆贺开采，他们在太湖中浮游画舫十几艘，携官妓大宴，饮酒作乐。唐代著名诗人，时任苏州刺史的白居易，嗜茶如命，自称别茶人。有年因为生病不能去参加"茶山境会"，而闷闷不乐。因此写下了《夜闻贾常州、崔湖州茶山境会想羡欢宴因寄此诗》："遥闻境会茶山夜，珠翠歌钟俱绕身。盘下中分两州界，灯前合作一家春。青娥递舞应争妙，紫笋齐尝各斗新。自叹花时北窗下，蒲黄酒对病眠人。"白居易与常州刺史贾𫗧、湖州刺史崔云亮是好朋友，两人邀他作为嘉宾参加新茶开采的"茶山境会"仪式，他因病抱憾未能得逞参加，却留下了一首千古传唱的茶诗。

随着朝廷对紫笋贡茶的需求不断扩大产量，大历元年（766年），义兴贡开始为五百串，大历五年（770年）一千串，然后两千串、三千串，逐年增加，会昌年间便增加到一万八千串（每串约合一唐斤，每唐斤相当于现在的661克）。每年清明之前，贡焙新茶制成后，要快马加鞭直送京都长安，"十日王程四千里"，茶到宫廷，须赶上清明宴。茶到之时，宫中一片欢腾，唐代湖州刺史张文规在《湖州焙贡新茶》诗中写道："凤辇寻春半醉回，仙娥进水御帘开。牡丹花笑金钿动，传奏吴兴紫笋来。"

且尽卢仝七碗茶

茶翁

对宜兴而言。阳羡茶的代言人卢仝可提名为终身成就奖。自唐以来，"天子须尝阳羡茶，百草不敢先开花"的千古绝唱，可说是"阳羡茶"最好的广告语。而他那首脍炙人口的"七碗茶歌"，更代表了古代文人对茶的理解，将饮茶的生理与心理感受抒发得淋漓尽致。

卢仝（约775～835年），号玉川子，济源（今河南济源）人，祖籍范阳（今河北涿州），唐代诗人。年轻时家境清寒，刻苦读书，隐居少室山，无意仕途，朝廷两度召为谏议大夫，均辞而不就。卢仝寓居洛阳时，韩愈为河南令，对其文章极为赏识而礼遇之，有《玉川子诗集》一卷传世。在此诗集中，可看出他个性分明和悲天悯人的襟怀。据考证，卢仝在元和年间（810年前）到了唐贡阳羡茶产地江浙交界的茗岭，先是寄居在岭涯村中，后来觉得那里山清水秀，林茂茶香，便定居下来。元和五年（811年），卢仝好友孟简出任常州太守，并认为阳羡茶优于长兴茶，两人的争论演绎出了卢仝《走笔谢孟谏议寄新茶》的诗作。自唐以来，历经宋、元、明、清各代传唱，千年不衰，至今诗家茶人咏到茶时，仍屡屡吟及。现将该诗全引如下：

走笔谢孟谏议寄新茶

日高丈五睡正浓，军将打门惊周公。

口云谏议送书信，白绢斜封三道印。

开缄宛见谏议面，手阅月团三百片。

闻道新年入山里，蛰虫惊动春风起。

天子须尝阳美茶，百草不敢先开花。

仁风暗结珠琲瑞，先春抽出黄金芽。

摘鲜焙芳旋封裹，至精至好且不奢。

至尊之馀合王公，何事便到山人家？

柴门反关无俗客，纱帽笼头自煎吃。

碧云引风吹不断，白花浮光凝碗面。

一碗喉吻润，二碗破孤闷。

三碗搜枯肠，惟有文字五千卷。

四碗发轻汗，平生不平事，尽向毛孔散。

五碗肌骨清，六碗通仙灵。

七碗吃不得也，唯觉两腋习习清风生。

蓬莱山，在何处？玉川子，乘此清风欲归去。

山上群仙司下土，地位清高隔风雨。

安得知百万亿苍生命，堕在颠崖受辛苦！

便为谏议问苍生，到头还得苏息否？

这是一首古代茶诗的旷世之作，诗中所写的月团三百片是晚唐时精致的小团茶，计每唐斤一百片的小茶饼，三百片也就是三唐斤，相当于现在的 1983 克，约四斤茶左右。

此诗将卢仝饮茶的生理与心理感受抒发得淋漓尽致，诗中许多名句足堪玩味，更为后人耳熟能详，描写饮七碗茶的不同感觉，步步深入，极为生动传神。诗的最后又引发他悲天悯人的襟怀，顾念起天下亿万苍生百姓。

卢仝诗中，诗人见到孟谏议白绢密封并加封泥钤印的新茶，在珍惜喜爱之际，自然想到了新茶采摘与焙制的辛苦，感到茶友的情谊，感叹茶的来之不易。接着，诗人以神乎其神的笔墨，描写了饮茶的感受。茶对他来说，不只是一种口

天子须尝阳羡茶，百草不敢先开花

腹之饮，茶似乎给他创造了一片广阔的精神世界，当他饮到第七碗时，只觉得两腋生出了习习清风，飘飘然，悠悠飞上青天。

"七碗茶歌"的问世，对后人的影响颇大，对于传播饮茶的好处，使饮茶的风气普及到民间，起到了推波助澜的作用。所以后人认为唐朝在茶文化上影响最大最深的三件事是：陆羽《茶经》、卢仝《七碗茶歌》和赵赞"茶禁"（即对茶征税）。宋代胡仔在《苕溪渔隐丛话》中说："玉川之诗，优予希文歌（即范仲淹《和章岷从事斗茶歌》），玉川自出胸臆，造语稳贴，得诗人句法。"卢仝作"七碗茶歌"的本意并不仅仅是在夸说茶的神巧奇趣。诗的最后一段忽然转入为苍生请命：岂知这至精至好的茶叶，是多少茶农冒着生命危险，攀悬在山崖峭壁之上采摘的，此种日子何时才能到头啊！卒章而显其志。在一番看似"茶逊仙灵"的谐语背后，隐寓着诗人极其郑重的责问。

卢仝"七碗茶歌"问世以后，几乎成了诗人吟唱茶的典故。诗人骚客嗜茶擅烹，每每与"卢仝""玉川子"相比："我今安知非卢仝，只恐卢仝未相及"（明·胡文焕）；"一瓯瑟瑟敬轻蕊，品题谁比玉川子"（清·汪巢林）。品茶赏泉兴味酣然，常常以"七碗"、"两腋清风"代称；"何须魏帝一九药，且尽卢仝七碗茶"（宋·苏轼）；"不待清风生两腋，清风先向舌端坐"（宋·杨万里）。

卢仝的子嗣在茗岭岭涯村繁衍至今，明代著名爱国将领卢象升就是卢仝的后嗣。

历代名茶数蒙顶

王从仁

"扬子江中水，蒙山顶上茶。"这是唐代著名诗人白居易称颂蒙顶茶的诗句。陆羽《茶经》品评天下名茶曰："蒙顶第一，顾渚第二。"可以说蒙顶是老牌名茶，自西汉起，蒙山即开始种茶，"蒙茸香叶如轻罗，自唐进贡入天府。"从唐代开始蒙顶茶列为贡品，一直沿袭到清代。一千多年时间，年年进贡，岁岁来朝，奉献给帝王享用，这就是名茶在中国茶史上的地位。

蒙顶贡茶的采制十分神秘。它产于现四川省名山县的蒙山。蒙山有五顶，又称五峰，即上清、菱角、毗罗、井泉、甘露，状如莲花盛开。五峰之中，上清最高，峰巅有石盘，大如数间屋，长有七株茶树，此茶非同小可，便是进贡的蒙顶茶。每年刚开春，茶树冒出芽尖。名山的县令便会选择黄道吉日，沐斋更衣，穿上朝服，率领僚属来到上清峰，先是设案焚香，跪拜再三。接着，挑选十二名僧人进入茶树旁，在县令的督促下采摘茶叶。每芽只取一叶，共采三百六十五叶，送交制茶僧炒制。炒制时，众寺僧盘坐诵经。先用新釜烘焙，茶叶半蔫即取出，由围坐的僧人一一展开，匀摊纸上，绷于釜口，让其焙干。又精选其中青润完洁者为正片贡茶。其余的都剔为余茶，制成颗粒茶，以充副贡，献给地方大吏。

贡茶时，正片要贮放于两个方形银瓶

中，瓶高四寸二分，宽四寸。陪茶也分装锡瓶。银瓶、锡瓶都盛入木箱，用黄绸包裹，丹印封泥。入贡时，县令又卜选吉日，身穿朝服向京师方向叩拜，选派得力官吏解送，经过的州县，都悉心加以护送。

这似乎已不是采茶制茶，而像在膜拜圣物，祈求苍天的保佑。十二僧人、三百六十五叶，象征十二个月、三百六十五天，暗含岁岁平安，年年丰收之渴求。这个传说不知是否可靠，但凡名茶皆有故事流传。

当然，蒙顶茶也确实无愧名茶的称号。蒙山属四川邛崃山脉，横跨名山、雅安两县，山势巍峨，峰峦挺秀。难得的是，此山不见幽深的峡谷，也不生嶙峋的怪石。初春开始，这里常阴雨绵绵，所以民间有"雅安多雨，中心蒙山"之说。而且，大都夜雨昼晴，不影响光照需要。因此，蒙山上有天幕（云雾）覆盖，下有精气（沃壤）滋养，是茶树生长最理想的地方。

蒙顶茶是蒙山所有茶的总称。唐宋以来，川茶由于蒙顶贡茶而闻名。历代进贡的名茶，品名有雷鸣、雾钟、鸟嘴、白毫等，以及凤饼、龙团等紧压茶。由于茶的质量高，连同传说的渲染，蒙顶茶为历代文人所讴歌，视为茶中珍品。

文人讴歌蒙顶茶

良马千匹换『茶经』

鸿 华

唐代末年，各路藩王纷纷割据，与朝廷分庭对抗。唐皇为平息叛乱，急需军用马匹。地处西北边境的回纥，需要茶叶助消化补充维生素，而回纥出产好马，每年派使者到唐王朝以马换茶。

这一年，时值金秋，唐使按过去的惯例，带了一千多担上好茶叶，囤积边关。

过了几天，回纥的使者也到，他们带来的马儿也囤积在边关。

唐使站在边关城楼的箭楼上远眺，只见远处，白马似白云飘扬，黄马似黄金流动，黑马似乌龙搅水，红马似火球翻滚。唐使心里叹道："好一批战马，果然名不虚传。"急忙打开边关大门，迎接回纥使臣。

只听回纥使臣说道："今年除了以马换茶外，欲想与天朝上国换一本制茶的书——《茶经》。"唐使没见过这本书，又不好言明，只好顺水推舟问道："您打算用多少马匹换我们这本书呢？"回纥使臣说："千匹良马，换取《茶经》。"唐使大吃一惊，忙问："这是不是贵地郡主的意思？"回纥说："我身为使者，自然代表郡主意见。"于是双方使者写好合约，画了押，等候交纥。

唐使星夜赶回长安，向唐皇禀奏此事。唐皇急传集贤殿众学士寻找《茶经》。那些文人学士翻遍了书库，竟然没有找到《茶经》这本书。

这下唐使急了，因为双方合约是有期限的。日期一到，违约者受罚赔偿不说，唐皇急用的马匹也不能及时到手。唐皇赶紧召集群臣商议。太师出班奏本道："大历年间，曾听说有个茶人陆羽，出了一本《茶经》，因为他是山野之人，谁也没有重视，所以书库也没收录，如今只有到江南陆羽的住地去查访，方能奏效。"

唐皇准了奏，立即派员先到湖州苕溪边上寻访。只见陆羽的"苕溪草堂"和"青塘别业"早已破败，追问当地茶农，经茶农指点，官员又赶到杼山妙喜寺追访，因为那里有个和尚与陆羽交谊甚密。到了妙喜寺，才知道那个皎然和尚早已圆寂。寺中年轻方丈说："听师父讲起过这本《茶经》，听说陆茶神活着的时候，已带到家乡竟陵去了。"

官员听后，只得星夜上路，奔赴竟陵，一到竟陵城，就赶到西塔寺查访。西塔寺的和尚说："茶神在世时，是写过不少书，但《茶经》应该还在湖州。"官员连日奔波，一听又要转回去，好不丧气，一点办法也没有，只好准备回京师复命。

他骑在马上，正准备动身。这时候，只见一秀才拦住马头，高声说："我是竟陵皮日休，来向朝廷献宝。"官员问他："你有何宝可献？"皮日休捧出三卷《茶经》，官员像摘得了天上星星，高兴得连忙滚鞍下马，双手捧住，揣在怀中。

官员说："我到京师后，向朝廷举荐你。这个《茶经》你可有底卷？"皮日休说："还有抄本，正在请匠人刊刻。"

官员回朝交了旨。唐使来到边关，把《茶经》交给回纥使者。回纥使者好不容易得了无价之宝，立即将千匹良马如数点交给唐使。从那以后，《茶经》沿丝绸之路传到了外国，有多种文字译本，直到现在还在研究它呢！

皮日休拦路献茶经

宋徽宗嗜茶撰『大观茶论』

茶翁

中国茶文化"兴于唐盛于宋"，宋代饮茶风俗已相当普及，朝野"茶会"、"茶宴"、"斗茶"之风盛行。帝王嗜茶亦数宋代最甚，宋徽宗赵佶爱茶至深，竟以九五之尊亲自撰写了《大观茶论》。

赵佶作为皇帝来讲，可以说是当得最糟糕的，他昏庸无能，耽于享乐，朝政腐朽黑暗，最后导致了靖康之难，被金人掳去，备受凌辱，导致北宋灭亡。虽然他在政治上无能，是个昏君，却在艺术上很有造诣，堪称宋代艺坛一大家。他独创了书法上的"瘦金体"；善画工笔花鸟，为画鸟求得生动，开创了用生漆点睛之笔；在音律、诗词、收藏、鉴赏等方面造诣很高；又极好园林花石，故有"花石纲"之事。他除了"皇帝"这个本职工作不称职外，实在是一位天才的艺术家，多才多艺，才华盖世，风雅绝代。

赵佶"工书画，通百艺"，这百艺中就包含了茶艺。他嗜茶且精于此道，并乐此不疲，当时流行的"斗茶"、"分茶"他皆擅长。茶具的选择也很有眼光，为了更好地观赏茶面上的白沫（所谓"云脚"和"粥面"），他推重颜色青黑、釉面上有细长白条纹的茶碗，叫"兔毫盏"。他在汴京（现河南开封）置官窑，还将钧窑也定为官窑，所制茶具专供宫廷使用。

赵佶因为嗜茶，故饶有兴致地撰写了《茶论》，后人称之为《大观茶论》，将自己的心得体会写出来供人参考，御笔著茶书，是历代帝王中唯一的一个。这本书虽然只有三千字，但言简意赅，论述全面，见解精到。内容包括地产、天时、采择、蒸压、制造、鉴辨、白茶、罗碾、盏、筅、瓶、杓、水、点、味、香、色、藏焙、品名、外焙二十篇。其中不少内容，明显不是他的亲身体会，比如有关种茶、采茶、制茶这三则，他不像陆羽那样躬身践行，不可能自己动手干过。哪怕是烹茶，恐怕也很少会自己动手。纵观历代茶学全书，可以看出《茶论》中的内容很多可能就是抄摘的，亦或是他人帮助捉刀的也说不定。当然，其中不乏也有精彩之笔，就是他对点茶之法的描写，现抄录如下：

点茶不一，而调膏继刻。以汤注之，手重筅轻，无粟文蟹眼者，谓之静面点。盖击拂无力，茶不发立，水乳未浃，又复增汤，色泽不尽，英华沦散，茶无立作矣。有随汤击拂，手筅俱重，立文泛泛，谓之一发点。盖用汤已故，指腕不圆，粥面未凝，茶力已尽，云雾虽泛，水脚易生。妙于此者，量茶受汤，调如融胶。环注盏畔，勿使侵茶。势不欲猛，先须搅动茶膏，渐加击拂，手轻筅重，指绕腕旋，上下透彻，如酵蘖之起面。疏星皎月，灿然而生，则茶面根本立矣。

第二汤自茶面注之，周回一线，急注急止，茶面不动，击拂既力，色泽渐开，珠玑磊落。

三汤多寡如前，击拂渐贵轻匀，周环旋复，表里洞彻，粟文蟹眼，泛结杂起，茶之色十已得其六七。

四汤尚啬，筅欲转稍宽而勿速，其真精华彩，既已焕然，轻云渐生。

五汤乃可稍纵，筅欲轻盈而透达，如发立未尽，则击以作之。发立已过，则拂以敛之，结浚霭，结凝雪；茶色尽矣。

六汤以观立作，乳点勃然，则以筅著居，缓绕拂动而已。

七汤以分轻清重浊，相稀稠得中，可欲则止。乳雾汹涌，溢盏而起，周回凝而不动，谓之'咬盏'，宜均其轻清浮合者饮之。《桐君录》曰，"茗有饽，饮之宜人，虽多不为过也。"

　　文字如此复杂繁琐的描写过程，实际操作起来只是一两分钟的时间，不是精于此道且眼明手快的人是无法完成的。唐宋饮茶的最大区别，是"唐煮宋点"，"宋点"也为后来的瀹茶法打下了基础，要了解"宋点"的关键，看明白赵佶的文章便可领略。

　　赵佶确实是茶中高手。但是，当他沉迷于如此细致微妙的艺术之中时，北宋的政局已经岌岌可危。大难临头之日，他那精细逼真的花鸟画轴挡不住金人的狼牙棒，他那出自官窑的兔毫盏又如何经得起金人的铁蹄践踏？

徽宗作画嗜茶撰茶论

张廷晖献茶园享庙祀

茶翁

五代十国时，王审知在福建称王，国号闽，都会在福州。

当时，福建建安吉苑里有位茶园业主名张廷晖，字仲光，号三公，拥有龙山和凤山及周围广袤三十里茶园，茶民数百户，茶焙数十所，茶工达一万余人，在那时是规模颇大的民营茶焙。闽王称帝前，张廷晖年年向闽王献茶，茶名"玉蝉膏"，颇得闽王称赞。

闽境距唐朝贡茶院路远，很难品尝到顾渚贡茶，久慕阳羡茶的王审知，因此有意在自己的统治范围内建座御茶园。张廷晖闻知此事后，便上表闽王，愿将自己的茶园献给小朝廷，闽王闻讯大喜，随即封了张廷晖为阁门使，并派亲信大臣潘承佑去建州筹建御茶园。因张廷晖的茶园在福州的北部，按照皇家习俗命为北苑御茶园。

南唐灭闽后，在北苑建龙焙造腊面茶入贡。当宋皇朝建立之后，常因为气温下降，阳羡贡茶赶不上清明宴，所以便立北苑为宋朝的官焙御茶园，成为宋代主要的贡茶产地。

宋太平兴国末年，张廷晖病逝。宋咸平年间，漕司为褒念张廷晖的功绩，奏请朝廷在凤凰山凤翼地建"阁门使"庙，俗称张三公庙。四方茶人也以其是龙焙地主，尊为茶神，"岁修茶贡，祈祷多验"。

在整个宋代，北苑御焙飞黄腾达，龙团凤饼登峰造极，朝廷不断追褒张廷晖主动献茶园之功。绍兴中，御赐"额恭利祠"，追封张廷晖为美应侯，赐匾额曰"恭利"，敕令建恭利祠祀之，后又累加效灵润物广祐侯，进封济世公。其妻范氏封为协济夫人。福建当地历代茶王、茶农也深情缅怀，尊张廷晖为茶神，供奉香火。祠宇历经千年，几经战火兵燹，屡毁屡建，亦表达了当地茶农对他的尊崇。

1996年7月，当地人民集资重建张三公庙，福建建瓯县人民政府批准祠宇为县重点文物保护单位，因原先规模小，又重新建造凤翼庙，以纪念北苑茶事，供茶史研究。

闽王修建御茶园

王安石三难苏学士

鸿华

　　王安石（1021～1086年），字介甫，号半山，江西临川（今江西抚州）人，世称临川先生。他是宋代著名的改革家、思想家和文学家。熙宁二年（1069年），他在朝野上下大力推行旨在富国强兵、扭转北宋积弱积贫局势的变法，史称"王安石变法"。他是北宋的一代名相，也是对茶道十分有研究的爱茶之人，他对泡茶用的水特别有研究，简直到了出神入化的境地，在冯梦龙《警世通言》中，讲了《王安石三难苏学士》的故事。

　　王安石老年患有痰水之症，虽经服药，却难以根治。太医院嘱他多饮阳羡茶，并须用长江瞿塘中峡水煎烹。苏轼对王安石的激进变法有自己的看法，他认为变法该温和逐步地推进。他认为王安石的变法措施是疾风暴雨式的，他把北宋王朝比喻成病人，如果用"悍药毒石"给病人治病，不仅治不好，反而会加速病人的死亡。后来事实上也证明，王安石变法果然加剧了北宋王朝的矛盾，加速了它的灭亡。他俩虽然在政治上是不同观点的，但不妨碍他们在茶艺上的交流切磋，也不妨碍他们之间清正的茶谊。当苏轼因反对王安石的变法而贬为黄州团练副使时，王安石曾到苏东坡府上饮茶话别。临别时，王安石托他："倘尊眷往来之便，将瞿塘中峡水攒一瓷寄与老夫，则老夫衰老之年，皆子瞻所延也。"

苏轼从四川返回时，途经瞿塘峡。其时重阳刚过，秋水奔涌，船到瞿塘，一泻千里。苏轼此时早为两岸峭壁千仞，江水沸波的一线壮丽景色所吸引，哪还记得王安石中峡取水之托！过了中峡苏轼才想起王安石的嘱托。苏轼当时还较年轻，对茶中三味尚不完全通晓。心想上、中、下三峡相通，本为一江之水，有什么区别？再说，王安石又如何能分辨得出？于是汲满一瓮下峡水，送到王安石家。

王安石大喜，乐以衣袖拂拭，纸封打开，又命侍儿茶灶中生火，用细口银瓶汲水烹之。先取白瓷碗一只，拨阳羡茶一钥于内，候汤如蟹眼时，取瓶冲调茶膏，待瓶中将要三沸之时，急取起倾入。只见茶色半晌方见。王安石眉头一攒，问苏轼说："这水，取于何处？"苏轼慌忙搪塞道："是从瞿塘中峡取来的。"王安石再看了茶汤，厉声说道："你不必瞒骗老夫，这明明是下峡之水，岂能冒充中峡水！"苏轼大惊，急忙谢罪，并请教王安石是如何看出破绽的。

王安石说："这瞿塘峡的上峡水性太急，下峡则缓，惟有中峡之水缓急相半。太医院以为老夫这病可用阳羡茶治愈，但用上峡水煎泡茶味太浓，下峡水则太淡，中峡水浓淡适中，恰到好处。但如今见茶色半晌才出，所以知道这是下峡水了。"

这事给苏轼一个很深的教训，也使他爱上了品茶鉴水之道。他年届中年以后，对茶的研究评判也到了出神入化之境。他在宜兴蜀山讲学之时，尤钟金沙泉水冲泡阳羡茶，也碰到了书童贪玩，用画溪水冒充金沙泉水的事，故他与金沙寺老僧有约，才有竹符换水的故事。

王安石三难苏学士

苏东坡竹符换水

茶翁

苏轼（1037～1101 年），字子瞻，号东坡居士，眉山（今四川眉山县）人，他是我国宋代杰出的文学家、书法家、思想家。他对品茶、鉴水、烹茶、茶史等都深有研究，是我国茶人心目中的偶像。他去世后，历代帝王赐谥了很多头衔，如端明殿学士、文忠公、太师等，但中国老百姓更喜欢称他为苏东坡，或称坡仙。

苏东坡与宜兴有很深的渊源，曾想"买田阳羡吾将老，从初只为溪山好"。他在人生失意之时，曾在蜀山开堂讲学，品茶非常讲究：茶叶一定要用阳羡唐贡茶，烹茶的水一定是玉女潭的水，壶必定是用紫砂壶冲点。他对烹茶的水非常讲究，曾经用秤称过玉女潭的水每担要比其他河里的水重两斤。正因为如此，苏东坡经常派书童到金沙寺旁的玉女潭去挑水。

有一次，苏东坡家里来了客人，想请他们品赏刚刚采下的新茶，便吩咐小书童赶快去挑水。书童刚出门走到画溪河边，就碰到几个要好的玩伴，邀他一起去捉知了。小书童不肯，后来几个小伙伴好说歹说，他才答应玩一会儿。一玩就忘了辰光。等他"哎哟"一声想起来时，时间已不早，怎么办呢？小书童心里一想，旁边画溪河里的水不也是从山上流下来的泉水吗？东坡先生不一定会分辨出吧？于是，他从画溪河里把水加满，就挑回来交差去了。

东坡先生兴致勃勃地为客人们烹水煮茶，

但这一次冲出来的茶，无论色、香、味都与以往的不同。他就把小书童叫到跟前，问："这是玉女潭的水吗？"小书童一愣，知道瞒不过去了，就一五一十地将事情经过讲了出来。苏东坡心想，这孩子贪玩也是情有可原，就教育他今后一定要小心。

东坡智察童撒谎

谁知，小孩天性顽皮，后来，又有两次发现河水充玉女潭水的事。苏东坡心想如果打小孩一顿，不如用办法让小书童得到教训，改正错误。想个什么办法呢？东坡一夜没睡好，终于想出了一个好办法。他和金沙寺的老和尚商量好，备下竹青竹黄两种不同颜色的水筹，并在竹片上编好号码，一种交给老和尚，一种交给小书童，并关照小书童去金沙寺玉女潭挑水时，必须和老和尚换成一对一编号的竹符带回来。这样，小书童就不敢再耍滑头了。

这种竹制的水符，后来流传下来，被改成老虎灶水店里使用的上面有烫火烙印的竹制水筹。这种水筹现在已经退出了历史舞台，但年龄大一点的老人心中都有记忆。

这个故事并不是传说，因为苏东坡诗集里就有记载。现将原诗记录如下：

爱玉女洞中水，既致两瓶，恐后复取而为使者见绐，
因破竹为契，使寺僧藏其一以为往来之信，戏谓之调水符

欺谩久成俗，关市有契繻。

谁知南山下，取水亦置符。

古人辨淄渑，皎若鹤与凫。

吾今既谢此，但视符有无。

常恐汲水人，智出符之余。

多防竟无及，弃置为长吁。

竹符换取玉潭水

茶谜、茶诗与茶联

鸿华

苏轼一生爱茶，自称"爱茶人"，创作了几十首茶诗、茶联，可谓茶缘深厚。

苏东坡喜爱游山玩水。某日他和仆从来到杭州一座山脚下，只觉口渴难忍。这时，他放眼望去，只见半山腰一座寺院，院内香火缭绕，便命仆从戴好草帽，穿上木屐，到院内去取东西。仆从问取什么东西？苏东坡只是微微一笑，没有直说。仆从知他在作谜语游戏，也就不再问了，径自去寺院找老和尚。老和尚见是东坡仆从，就问有何贵干？仆从说："我家主人讲你一看就知道了。"老和尚听后哈哈大笑，立即拿出东坡所需之物，让仆从带回去。原来这个谜语的谜底就是"茶"。

古代曾有人在茶壶上镌刻"可以清心也"五个字，顺序读去，"清心也可以"、"也可以清心"，均成文理，然失之粗浅，不算上佳回文。苏轼曾以回文的形式，写过两首茶诗，这就是《记梦回文二首并叙》。更为有趣的是，这两首诗是在梦中作的，梦醒之后，二首共有八句的诗，只记住了其中一句："乱点余花唾碧衫"，其余七句忘了，怎么办？只能补上七句。

诗人常常托词梦中做诗，醒来笔录，这不过是自说自话而已，其实都是清醒时作的。但苏轼梦中品茗作诗，倒说明他茶瘾很大。诗是这样的，其一："酡颜玉碗捧纤纤，乱点余花唾碧衫。"其二："空花落尽洒倾缸，日上山融雪涨江。红焙浅瓯新火活，龙团小碾斗晴窗。"这两首诗，如分别由"岩"字和"窗"字侧读过去，又成另二首七绝。其一："岩空落雪松惊梦，院静凝云水咽歌。衫碧唾花余点乱，纤纤捧碗玉颜酡。"其二："窗晴斗碾小团龙，活火新瓯浅焙红。江涨雪融山上日，缸倾洒尽落花空。"回文之妙，堪称绝佳。

苏轼因为好茶，还有一则颇为著名的民间故事。

熙宁四年（1071年），苏轼任杭州通判。在杭为官三年中，他经常微服以游。一天，他到某寺院游玩，方丈不知底细，把他当作一般的客人来招待，简慢说道："坐。"叫小沙弥："茶。"小和尚端上一碗很普通的茶。

方丈和这位来客稍稍喧寒后，感到这人谈吐不凡，并非等闲之辈，便急忙改口道："请坐。"重叫小沙弥："泡茶。"小和尚重新泡上一碗茶。

及至最后，方丈终于明白来者是本州的官长，大名鼎鼎的苏东坡，便忙不迭地起座恭请道："请上坐。"转身高叫小沙

北宋苏轼《啜茶帖》

东坡趣联乐方丈

弥："泡好茶。"

这一切，苏轼都看在眼里。

临别时，方丈捧上文房四宝向苏轼乞字留念。苏轼心里一转念，便爽快地答应下来，提笔信手写了这样一副对联。

上联为：坐请坐请上坐，

下联为：茶泡茶泡好茶。

方丈见此，羞愧、尴尬之色，一言难尽。

客来敬茶本是表达一种尊敬、友好、大方和平等的意思，而这位方丈不是不明苏轼之身份，而是不明"茶道"之理，所以为苏轼所讥。真是尴尬人难免尴尬事。

斗茶一曲传佳话

茶翁

斗茶又称"茗战"、"点茶"、"点试"，实际上就是品茗比赛，具有很强的胜负色彩，也是一种茶叶的评比形式和社会化活动。这种方式最先起源于五代北宋之际的福建建安民间，继而流行于宋代，成为当时上至王公贵族，下至平民百姓参与茶事的一大特色。宋代斗茶与唐代的煎茶相比，在程式上大同小异，却反映出不同的生活情趣和文化倾向。斗茶在社会上的活跃展开，虽然有赌输赢的心理因素，但可促使人们不断切磋茶艺，提高茶叶色、香、味和冲饮的方法，因而对推动名茶品类的创新和质量的提高有着重要的作用。

决定斗茶胜负的标准，主要有两方面：

一是汤色。即茶水的颜色。一般是以纯白为上，青白、灰白、黄白，则等而下之。色纯白，表明茶质鲜嫩，蒸青时火候恰到好处；色发青，表明蒸青时火候不足；色泛灰，是蒸青时火候太过；色泛黄，则表明采摘不及时；色泛红，是烘焙时火候过了头。

二是汤花。即指在盏面泛起的泡沫。决定汤花的优劣要看两条标准：第一是汤花的色泽。因汤花的色泽与汤色是密切相关的，所以汤花的色泽标准与汤色的标准是一致的；第二是汤花泛起后，水痕出现的早晚，早者为负，晚者为胜。如果茶末研碾细腻，点汤、击沸恰到好处，汤花匀细，有若"冷粥面"，就可以紧咬盏沿，久聚不散。这是最佳效果，名曰"咬盏"。反之，汤花泛起，不能咬盏，很快便散开。汤花一散，汤与盏相接的地方就露出"水痕（茶色水线）"。"水痕"出现的早晚，就成为决定汤花优劣的依据。

每年春季新茶制成后，茶农、茶客就会以各自的新茶来斗比茶的优良，进行次序的排名。斗茶的过程有比技巧、斗输赢的特点，极富趣味性和挑战性。一场斗茶比赛的胜败，犹如今天一场球赛的胜败，为众多市民、乡民所关注。现在福建茶区每年举行的各种"茶王赛"，仍十分吸引当地人的眼球。

斗茶是在茶宴基础上发展起来的一种风俗。唐代贡茶制度建立之后，常州阳羡茶和湖州紫笋茶先后成为贡茶，两州刺史每年早春都要在两州交界的啄木岭（现悬脚岭东）境会亭上举办盛大茶宴，庆贺贡茶开采，由朝廷督贡的观察史及常湖两州刺史，还邀请苏州刺史一道，共同品尝和审定贡茶的质量。宋代斗茶之风盛行，一是与最高统治者嗜茶分不开的。尤其是宋徽宗对茶颇有研究，并亲自撰写了《大观茶论》的书，还亲自烹茶赐宴群臣。二是士大夫阶层因宋代俸禄高，贪图享受的风气盛，所以斗茶也成为一种享乐的方式。三是平民阶层因宋代经济繁荣，民间比较富有，斗茶成为市民的大众娱乐活动，相当于现在的搓麻将和广场舞。四是在佛教界则通过品茗论经、磋谈佛理，形成了一套颇为讲究的礼仪。

斗茶不仅要茶新、水活，而且用火也很讲究。陆羽《茶经·五之煮》说，煮茶"其火用炭，次用劲薪。"凡沾染油污的炭、木柴或腐朽的木材不宜做燃料。苏轼也说"活水还须活火烹"，"贵从活火发新泉"。所以当时强调：烹茶一是燃料性能要好，火力适度而持久；二是燃料不能有烟和异味。

斗茶是一门综合艺术，除了茶本身、水质和火候外，还必须掌握冲泡技巧,宋人谓之"点茶"。点茶的过程为:炙茶、碾茶、罗茶、候汤、熁盏、点茶等程序。即首先必须用微火将茶饼炙干,碾成粉末,再用绢罗筛过,茶粉越细越好,"罗细则茶浮,粗则沫浮"。候汤即掌握点茶用水的沸滚程度,是点茶成败优劣的关键。唐代人煮茶已讲究"三沸":一沸,"沸如鱼目,微微有声";二沸,"边缘如涌泉连珠";三沸,"腾波鼓浪"。要求水在三沸时就要烹茶;再煮,"水老,不可食也"。(《茶经·五之煮》)唐代因为煮茶用的是大口的镇,可以凭眼观察三沸;而到了宋代,煮水改为小口径的瓶,水沸的程度谓之"候汤",须静心净气,凭听觉方能判别,"候汤最难,未熟则沫浮,过熟则茶沉"。(蔡襄《茶录》)只有掌握好水沸的程度,才能冲泡出色香味俱佳的茶汤。

斗茶在宋朝是一种风气,对茶事愈精研的人,愈是喜欢斗茗。苏东坡与蔡君谟的斗茶便是一例:苏东坡是煮茶的能手,而蔡君谟是写《茶录》、创制"小龙团"的名人。据说苏蔡斗茶时,蔡君谟冲泡的茶叶是候贡的名种,即进贡余下来的茶,用的是惠山泉水。而苏东坡用的是阳羡茶,本来他最喜

斗茶图

欢用惠山泉水泡茶，惠山泉水给蔡君谟抢去了，怎么办呢？他用心想了一下，改用天台山的竹沥水。这次斗茶比赛不知是谁担任的裁判，结果判蔡君谟输了，当时人们总觉得有点意外。殊不知苏东坡用的茶也不差，阳羡茶是唐代贡茶，品质不输建茶，而苏东坡又是泡茶妙手，赢也就在情理之中了。

宋人玩斗茶有两种方法，一为干玩，一为湿玩。干玩就是欣赏茶品的外观，动眼不动手；湿玩则手眼并用、研膏焙乳、鼻闻口尝。建安北苑是宋太宗圈定的官焙贡茶区，有焙一千多家，为决出进贡的品种，遂使斗茶之风在建安兴盛起来。每年新茶上市，各个茶家携带珍品，身怀绝技，前往比试。当地官员在福建转运使的带领下，充当评判，作出裁决。

范仲淹有《和章岷从事斗茶歌》以记此事：

年年春自东南来，建溪先暖水微开。

溪边奇茗冠天下，武夷仙人从古栽。

新雷昨夜发何处，家家嬉笑穿云去。

露芽错落一番荣，缀玉含珠散嘉树。

终朝采撷未盈襜，惟求精粹不敢贪。

研膏焙乳有雅制，方中圭兮圆中蟾。

这是写得天独厚的建茶生长环境，建茶的采摘和研焙制作过程。

北苑将期献天子，林下雄豪先斗美。

鼎磨云外首山铜，瓶携江上中泠水。

黄金碾畔绿尘飞，碧玉瓯中翠涛起。

斗茶味兮轻醍醐，斗余香兮薄兰芷。

其间品第胡能欺，十目视而十手指。

胜若登仙不可攀，输同降将无穷耻。

以上写斗茶过程，因为是要献给天子的茶，十目所视十手所指，斗茶不敢有诈。

> 吁嗟天产石上英，论功不愧阶前蓂。
>
> 众人之浊我可清，千日之醉我可醒。
>
> 屈原试与招魂魄，刘伶却得闻雷霆。
>
> 卢仝敢不歌，陆羽须作经。
>
> 森然万象中，焉知无茶星。
>
> 商山丈人休茹芝，首阳先生休采薇。
>
> 长安酒价减百万，成都药市无光辉。
>
> 不如仙山一啜好，泠然便欲乘风飞。
>
> 君莫美花间女郎只斗草，赢得珠玑满斗归。

以上写参加比试的茶有优良的品质和神奇功效。它胜过饮酒、吃药。假使卢仝、陆羽在世，他们也会赞美斗茶，写入《茶经》。诗人抒发了自己的感慨，作出了独到的评价。

这是一首脍炙人口的斗茶诗，古人把它和卢仝的《走笔谢孟谏议寄新茶》诗相媲美。卢仝的诗以浪漫主义手法抒写了对茶饮的身体与心灵的感受，符合当时玄说茶道的风尚；又对茶农寄予同情，是一首极言茶功、超脱飘逸的好诗。范仲淹的诗由斗茶揭示世态："胜若登仙不可攀，输同降将无穷耻"、"君莫美花间女郎只斗草，赢得珠玑满斗归"，刻画了这些人物的神态与心理。同时，范诗拓展茶饮感受及做人的气节："众人之浊我可清，千日之醉我可醒"；不无讥讽地指出醉心茶功的社会时弊："不如仙山一啜好，泠然便欲乘风飞"、"商山丈人休茹芝，首阳先生休采薇"。指责君臣神会茶事，不关心国计民生。诗人借咏斗茶暗示对国事的忧虑，展现了一个政治改革家的胸怀。

郑可简献『草朱』换官帽

鸿华

宋宣和二年（1120年），漕臣郑可简创制了品级达到顶峰的名茶，叫"银线水芽"，也叫"龙团胜雪"。据《宣和北苑贡茶录》载："至于水芽，则旷古未之闻也。宣和庚子岁漕臣郑可简始创为'银线水芽'，盖将已拣熟芽再别去，只取其心一缕，用珍品贮清泉渍之，光明莹结，若银线然。其制方寸新铸，有小龙蜿蜒其上，号龙团胜雪……盖茶之妙，至胜雪极矣，故令为首冠。"

郑可简原来只是一个监茶官，他投机钻营，博取恩宠的手段就是迎合上峰的意图，创制新的茶叶品种，以此来买官升级，官至福建路转运使，累官至右文殿修撰。他创新的"银线水芽"造价高得令人咋舌，姚宽说每铸三十千；赵汝砺说龙团胜雪为最精；而建人有值四万钱之说；周密亦说，一铸市值四十万钱。今人郭伯南分析，如以三十千说，能买粮一百万担，恰好为宰相一年奉禄，真所谓："皇帝一盅茶，宰相一年银。"这样的豪奢制茶，可谓古今中外之绝。

郑可简为了达到媚上取宠，不惜耗费巨资献茶。南宋洪迈《容斋笔记》卷十五"蔡京除吏"条：徽宗时，蔡京受宠，以太师身份统领三省事务，在住处书室里，备下"除吏便笺"，有人行贿求官，写个条子就算数。

郑可简利用手中权力，借制贡茶之机，新茶一出就先奉献给蔡京品尝。一次蔡京收到新茶后，随手在便条上写"郑可简为秘撰运副"，郑可简行贿奸相，如愿以偿。

胡仔《苕溪渔隐丛话》还记载了这样一件丑事：郑可简的侄子郑千里，受叔叔之命，不辞辛苦到闽北名茶产地，钻山穿谷，翻岩涉壑，搜集名茶，终于在武夷山最高峰取得一种名叫"草朱"的茶。郑可简闻知侄新获"草朱"，便设计将茶骗到手，向上面说是儿子郑侍问获得的，并指使茶工随即进行精制，命儿子郑侍问送贡茶入宫。郑侍问因献茶有功也获得了乌纱帽。时人就讥讽其父子俩，"父贵因茶白，儿荣为草朱"。

郑侍问献茶得官，衣锦还乡，郑可简因贿赂蔡京，升为福建路转运副使，举办庆贺盛宴，一时间亲朋好友应邀纷纷而至。郑可简洋洋自喜道："一门侥幸。"此时，宴席中突然冒出一句"千里埋怨"的不平之语。众人闻声，自知其中奥妙，只好含糊圆场说："联得真妙。"

郑可简献"草朱"换官帽

明太祖夜巡『尝茶赐官』

茶翁

明太祖朱元璋在统一中国的过程中，采用"先西后东，先南后北"的战略，在转战江南时，对茶事有所接触，深知茶农疾苦，并深表同情。1368年，他在南京称帝之后，看到进贡的茶品还是精工细琢的龙团凤饼，令他感叹不已！在洪武二十四年（1391年）九月，朱元璋诏建宁府"罢造龙团，叫茶户惟茶芽以进"。开始了散茶作贡的先例，也可沦茶法开启了官方大门。

据《檐曝杂记》有篇文章里说：一天夜晚，朱元璋读罢经史，毫无睡意，于是便换上便服，前往国子监，想看看那些莘莘学子是否在认真读书。他东走走西看看，走了一圈后感到很满意，最后来到御厨茶房，茶房正在准备泡茶。当班的厨师不认识皇上，见他走得有些气喘，便马上端来坐椅让他休息，又泡上一杯香茶请他品尝。朱元璋看到茶水青翠凝碧，呷了一口，便觉香醇沁脾。连忙说："此茶比龙团好喝，青翠芳馨，嗅之醉人，啜之悦心，莫不是顾渚芽茶？"厨师一听高兴地说："您真会品尝，这茶正是吴兴山中明月峡所产。"朱元璋笑道："听说明月峡所产的茶尤为绝品，今日一啜果然名不虚传。"朱元璋一边品茗聊天，一边命侍从太监回宫取来五品官服，赐给厨师。厨师受宠若惊，慌忙跪地谢恩。

　　太监见一个小小厨师一杯茶换了一个五品的官职，心里为那些苦读饱学的学子们有所不平，嘴里嘟哝了一嘴牢骚："十年寒窗苦，何如一盏茶。"朱元璋听到后，便对他说："你刚才像是吟诗，只吟了前半部分，我来给你续上后半部分：'他才不如你，你命不如他。'"

朱元璋尝茶赐官

驸马贩私茶被赐死

鸿华

1368 年 1 月 23 日（农历正月初四），农民出身的朱元璋在与元代统治者和其他红巾军将令的激烈争战下，取得了初步的胜利。朱元璋即皇帝位，国号大明，定都应天，后改名为南京，正式建立了以汉族为主体的大一统政权。

明代开国之初，沿袭宋制设立茶马司，重视茶马法，加强边茶贸易，每年还派御史巡视茶马事宜，地方官府并张榜，悬示肃禁，巡关查隘，防范极严。尽管如此，不少人看到以茶易马的厚利，便不顾官府禁令，纷纷偷贩私茶，其风愈演愈烈。

洪武三十年（1397 年），朱元璋痛下决心，禁止私茶，明文规定对偷运私茶出境失察者，一律处以极刑。就在此时，朱元璋的女婿——驸马欧阳伦却顶风作案，牟取暴利。

这年四月，正值春耕大忙，欧阳伦瞒着皇帝丈人，强令陕西都政司发文通知下属各府、州、县，派遣车辆民夫，替他前往河州贩运私茶，运到边境与蒙古人交易。家奴周保押车来到兰县（今兰州）河桥巡检司（相当于茶叶进出口的边境检查站），只因一点小事不如意，就大打出手，将巡检司小吏打得眼青鼻肿，躺在地上呻吟。

这位小吏是个不怕死的强汉，管你驸马不驸马，立即向朝廷举报这一违旨抗令的不法行为。

巡检司小吏的举报层层递送，很快传到南京。朱元璋得知此事，怒不可遏，认为如不杀一儆百，又怎能抑制住贩运私茶的猖獗之势？尽管公主和皇后百般求情，但朱元璋不徇私情。

这年六月，朱元璋下诏传旨，将驸马欧阳伦赐死；陕西布政司官吏对欧阳伦贩运私茶知情不报，严重失职，也一并赐死；周保等骄横暴虐的家奴，统统斩首示众。

朱元璋处理完这件事后，觉得兰县河桥巡检司小吏虽职位卑微，却不畏权贵，敢于告发驸马的精神可嘉，遂加以表彰。

太祖明令禁私茶，驸马顶风被赐死

文征明夜煮『阳羡茶』

盛畔松

"地炉相对语离离，旋洗沙瓶煮涧澌。邂逅高人自阳羡，淹留残夜品枪旗。枯肠最是搜诗苦，醉眼翻怜得卧迟。不及山僧有真识，灯前一啜愧相知。"这是明代才子文征明碰到当时著名的茶博士王德昭后，连夜品茗煮茶，引发诗兴，挥毫写就的《桐城会宜兴王德昭，为烹阳羡茶》的诗。从文征明的许多咏阳羡茶的诗作里可以看出，大多反映的是他与友人静夜煮茶的场景。

文征明（1470~1559 年），初名璧，以字行，后又改字征仲。长洲（今江苏苏州）人，明代著名文士、书画家，诗文书画皆出众，与名士祝允明、唐寅、徐祯卿四人时称"吴中四才子"，文征明擅长山水、人物、花鸟画，画史上将他与沈周、唐寅、仇英合称吴门四家。

文征明又是明代的著名茶人，他爱茶至深，为人正直，不阿权贵，不交官府，而与同时代的许多文人、隐士却交谊很深。宜兴当时的隐士、茶人吴伦，字大本，自号心远居士，与文征明是至交。他一生寄情于山水之间，在城南郊石亭埠的"南樵山舍"旁种植了大片茶园，自己亲手采茶、制茶，每年新茶上市之际，便将茶赠送亲朋好友；在城西郊西汨旁的"渔隐别业"里，常邀文士挚友相聚，品茗、读书、垂钓、和诗。虽然明初太祖朱元璋已废团茶改散茶以贡，但当时的文人士大夫对唐宋开创的传统茶道拥有解不开的情结，仍然保持着遗老遗少的煮茶遗风。

一天晚上，文征明正在吟诗作画的兴头上，听书童说：白天刚刚收到宜兴吴大本寄来的阳羡新茶。忙命书童备具煮水，品尝新茗。几碗以后，文征明诗兴大发，随即让书童磨墨铺纸，挥毫写下了《是夜酌泉试宜兴吴大本所寄茶》："醉思雪乳不能眠，活火砂瓶夜自煎。白绢旋开阳羡月，竹符新调慧山泉。地炉残雪贫陶谷，破屋清风病玉川。莫道年来尘满腹，小窗寒梦已醒然。"

其实，文征明与吴大本的深厚友谊并非一天两天，每当新茶上市之际，吴大本总是惦着给文征明、唐寅、沈周、仇英、王德昭、王用昭等爱茶的朋友寄去新茶。每当春天或秋天的时候，总会热情邀请他们来宜兴游览，轮流着在他的"南樵""渔隐"或城中老宅小住，观景、品茗、和诗、作画。每当文征明想起与吴大本之间的茶情至谊，便会想起在宜兴的开心日子。又一天，文征明又收到吴大本所寄新茶，随即写下了《谢宜兴吴大本寄茶》："小印轻囊远寄遗，故人珍重手亲题。暖含烟雨开封润，翠展枪旗出焙齐。片月分明逢谏议，春风仿佛在荆溪。松根自汲山泉煮，一洗诗肠万斛泥。"

文征明喜欢阳羡茶，钟情用惠山的泉水煮茶，亲自动手煮茶分茶，享受品茶的闲情逸致。他在《煮茶》诗中写道："绢封阳羡月，瓦缶惠山泉。至味心难忘，闲情手自煎。"在《闲兴》六首之二中写道："苍苔绿树野人家，手卷炉熏意自嘉。莫道客来无供设，一杯阳羡雨前茶。"在《邵二泉司徒以惠山泉饷白岩先生，适吴宗伯宁庵寄阳羡茶亦至，白岩烹以饮客命余赋诗》中写道："谏议印封阳羡茗，卫公驿送惠山泉。

文征明诗谢阳羡茶

百年佳话人兼胜，一笑风檐手自煎。闲兴未夸禅榻畔，月明还到酒樽前。品尝只合王公贵，惭愧清风被玉川。"这些诗中反映了文征明与阳羡茶密不可分的关系，道出了他用惠山泉煮茶的美好心情，表明他亲手煎茶的闲适自得，体现出茶人独乐及与友人共乐的精神风貌。

　　文征明是明代山水画的宗师，因他嗜茶，故又留有许多茶画，现在经常提到的有《惠山茶会图》《陆羽烹茶图》《品茶图》《茶具十咏图》等等。《惠山茶会图》是一个真实的历史记载：明正德十三年（1518 年）清明节，江南才子文征明与友人蔡羽、汤珍、王守、王宠等游览惠山。画面上描绘了文征明同书画好友游览惠山、饮茶赋诗的情景：半山碧松之阳有两人在对话，一少年沿小路而下，茅亭中两人围井栏坐就，支茶灶于几旁，一童子正在煮茶。该画体现了文征明早年山水画细致清丽、文雅隽秀的风格。画前引首处有蔡羽书的"惠山茶会序"，后有蔡羽、汤珍、王宠各自书写的游记诗，诗情画意跃然纸上。这是文人以茶会友、饮茶赋诗的真实写照，令人领略到明代文人茶会的艺术情趣，可看出明代文人崇尚清韵、追求意境的艺术情趣。这一珍贵画卷现藏于故宫博物院，1997 年还印成邮票在全国发行。

　　文征明不仅喜欢静夜煮茶，而且从诗作中可以看到当时品饮的都是宜兴的"旗枪茶"。从开头的《桐城会宜兴王德昭，为烹阳羡茶》到《次夜会茶于家兄处》都是真实写照："惠泉珍重著茶经，出品旗枪自义兴……"

唐寅嗜茶多茶画

朱郁华

明代中叶以后，文人画兴盛，山水画呈现空前繁荣，以吴门画派为代表的一批文人画家，形成了笔墨含蓄、温文尔雅。富于书卷气的特色，其代表人物是沈周、文征明、唐寅、仇英，这四人在中国美术史上被称为"明四家"，又是当时"茶人集团"的首领，这四人还与宜兴有着密不可分的联系，经常荡一叶扁舟，横穿半个太湖，来宜兴与茶人吴经、吴纶兄弟品茗论道，游历于宜兴的山水画卷之中。

明代文人山水画兴盛之际，也正是文人雅士热衷于茶艺、壶艺之时，他们以自身的艺术造诣和文化气质尽情投身于茶事，使明代茶文化带有一股空灵清秀的艺术气息，而这些画家穿行于阳羡山水的美景之中，让他们的作品带有崇尚自然的山水气韵。这些画家本身都是才学满贯的失意文人，他们因种种原因不能跻身仕途，故追求隐逸，醉心于茶道，对茶文化的贡献也很大。"吴中四杰"个个都是真正的茶人，他们于琴棋书画，无所不精，借放情茶事而忘忧，藉笔墨以自鸣清高。

他们创作的山水画也融进了心中对茶事的向往，寄托着心中企求的茶情逸趣。如沈周著名的《桂花书屋》、文征明的《惠山茶会图》、唐寅的《事茗图》，都是画中极品，明四家中仇英的作品流传下来的最少，从记载中他绘有茶画《松亭试泉》《移竹煮茶》《玉洞仙源》，还曾在吴纶的哥哥吴经的铜官山大汉芥中"汉川别业"里，绘就了《汉川十景图》，可惜没有流传于后世。明代遗留下来的茶画作品中，享誉画坛的有丁云鹏的《玉川烹茶图》、陈洪绶的《停琴啜茗图》、顾炳的《斗茶图》等等。明代文人茶画的最杰出代表是文征明和唐寅，堪称双绝。他们两人创作茶画之多、之精为历代画家之冠。

唐寅的传世名画《事茗图》是一幅山水人物画，纸本设色。画的是江南茶乡景色，画面青山如黛，巨石峥嵘、古松兀立，远处高山云雾弥漫，隐约可见飞湍瀑流。在这山青水秀的环境里，依山傍水有茅舍数椽，茅舍之中有人正在倚案读书，案头摆着茶壶茶盏，侧室一侍童正在煽火煮茶。屋外小溪板桥上有一老者拄杖走近，身后跟着抱琴的侍童，画中人物想必是相约前来弹琴品茗的。因为明代文人相聚品茗一定要有琴声相伴，要有插花和薰香作点缀，琴可助茶之高雅，茶可以益琴之幽逸，使茶境具有声情之美。画幅左边有唐寅用行书自题五言诗一首："日长何所事，茗碗自赍持。料得南窗下，清风满鬓丝。"落款吴趋唐寅，下有印三枚："唐居士"、"吴趋"、"唐伯虎"，印章字体流畅洒脱。图卷前有文征明写的"事茗"两个隶书大字，雄浑苍劲。

《事茗图》由于反映了明代茶人隐逸遁世、以山水自娱、气静韵清、淡雅高洁的茶艺意境，所以受到历代茶人的珍爱，成为皇室及名家的珍藏。现真迹藏于故宫博物院。画卷前后遍布藏家之印。卷右有清代高宗皇帝题诗："记得惠山精舍里，竹炉瀹茗绿杯持。解元文笔闲相仿，消渴何劳玉常香。""甲戌闰四月雨余几暇，偶展此卷，日摹其意即中卷中原韵，题之并书于此。御笔。"卷下尚有"乾隆御赏之宝"。卷图拖尾有名家陆粲手书行体《事茗辨》一文，图文相配，诗情画意。

　　这幅画意境深邃，表现出当时文人追求远离尘俗、品茗抚琴的生活情趣。反映了明代文人雅士以茶述怀栖神物外的心态。在这悠闲宁静的事茗活动中，仿佛看出画家才志得不到施展的苦闷。在题画诗中画家反映了明代文人的茶趣，明代茶人对茶、水、品茗环境刻意追求，对茶器更是十分重视，讲究名茶、好水配佳具。茶具不仅能扬茶之三味，而且要高雅精致，赏心悦目。茶叶得天地之灵毓，配以精美的茶具，品赏之余，玩赏之中，令人心旷神怡。

　　除《事茗图》外，唐寅的《品茶图》《烹茶图》《琴士图》

等，都浓缩了明代自然派茶人隐逸生活的茶缘。唐寅的《品茶图》，画的是层峦耸翠、烟波浩渺、无边无际的水域之中有座小岛，似乎是一处隐逸者与世隔绝的休养生息之地，一只小船正向小岛划去，船上的茶友

唐伯虎画茶图

会从尘世带去各种讯息。这水、这船，沟通着人世间的隧道。唐寅的这幅茶画就像描绘"蓬莱仙境""世外桃源"，而给观赏者留下自然的生机和美妙的憧憬，是人与自然高度和谐的美，是生命的沉醉。他的另一幅《品茶图》同样画的是山中品茗场景，青山层叠，茶树满山，小桥流水，茅屋数间，茅舍内一老一少，老者悠闲地品茶，少者为一侍童，蹲在炉边煽火煮茶。画面上有自题诗一首："买得青山只种茶，峰前峰后摘春芽。烹煎已得前人法，蟹眼松风娱自嘉。"

买下青山亲手种茶，摘后自己制茶烹饮，整个过程都亲历亲为，充满生机和美感。表达了画家对春茶的希望和茶人洁身自好的心态。也是描绘他的挚友、宜兴茶人吴纶隐逸生活的真实写照。

《琴士图》画的是一位儒生在深山旷野中品茗弹琴。画面是青山松翠，飞瀑流泉、琴韵炉风，茶釜里的水沸声与泉声、松声、琴声、茶人的心声交融一体。隐士在茶与自

然的契合中抚琴，自然的琴声在时空中回响，达到物我两忘的最高境界。

唐寅的茶画意境旷达，洋溢着天地宇宙、山水自然的美。茶画中又把煮茶的情节置于画面的主要部位，主题突出，具体茶艺操作方法表现得十分洗炼。他常把焚香、插花、看书、观画、抚琴与品茗结合，使茶境事象更丰，开拓了茶的境界画的意境。他更注重茶画的思想内涵，不过多地追求茶艺的技巧，这也符合中国茶文化在明代的发展状况。

唐寅作为茶人，嗜好饮茶。又经常在宜兴的好友吴纶家茶园里躬身践行，常与一帮朋友来宜兴的茶山采风写生，对阳羡茶情深至致，他在《咏阳羡茶》的诗中写道："千金良夜万金花，占尽东风有几家。门里主人能好事，手中杯酒不须赊。碧纱笼罩层层翠，紫竹支持迷迷霞。新乐调成蝴蝶曲，低檐将散蜜蜂衙。清明争插西河柳，谷雨初来阳羡茶。二美四难俱备足，晨鸡欢笑到昏鸦。"

唐寅《事茗图》

普洱茶缘何称『孔明树』

王从仁

云南的西双版纳是个迷人的地方，那儿美丽富饶，终年绿披碧覆。绵绵不绝的原始森林中，有数不尽的奇花异木，珍禽稀兽。更为称誉的是：这里是茶的故乡。

勐海县是西双版纳的重要茶区，被誉为茶叶城。每当茶季，这里到处弥漫着茶的芳香。品质最好的普洱茶，即产于该县的南糯山。关于南糯山的茶，有一个动听的传说。相传，三国年间，诸葛亮（字孔明）带兵南征七擒孟获时，曾经到过南糯山。士兵因水土不服，害眼病的不少，无法行军作战。孔明就拿起一根拐杖，插在南糯山石头寨的山上，说来奇怪，那拐杖转眼间变成一棵茶树，长出青翠的茶叶。士兵们欢喜雀跃，摘下茶叶煮水喝，又用茶汁洗眼睛，结果眼病就好了。这样，南糯山有了第一棵茶树。

直到现在，当地人还把石头寨旁的那座茶山叫做"孔明山"，山上的茶树称为"孔明树"，而诸葛亮鬼使神差地被称为"茶祖"，取代了"茶圣"陆羽的地位。孔明山周围的六座山，也鸡犬升天，一齐出了名，成了历史上著名的普洱茶六大茶山。在当地还有个风俗，每年诸葛亮生日那天，本地百姓都要饮茶赏月，放"孔明灯"，以记念诸葛亮这位"茶祖"。连当地一棵两人合抱的大茶树（高5.5米，株幅10米，树龄有800年以上），也被讹传为诸葛武侯的遗种，老百姓每逢采摘时节，总是"先具酒醴礼祭于此"（见清·阮福《普洱茶记》）。其实，云南是世界茶叶的发源地，在诸葛亮出生以前，早就已有茶树，但当地人热爱诸葛亮，信奉孔明先生，便将茶的发明权栽到了他的头上，好象普洱茶反沾了诸葛亮的光，其实是本末倒置。

普洱，是云南南部的一个县，原先并不产茶，只是滇南重要的贸易集镇和茶叶市场。澜沧江沿岸各县，包括西双版纳（古属普洱府）所产茶叶，都集中于普洱县加工，然后运销各地，故以"普洱茶"为名。

南宋李石的《续博物志》云："西蕃之用普茶，已自唐朝。"普洱茶之名，首见于此。按李石所说，康藏一带的藏民饮用普洱茶，远在唐代就开始了。明代起，普洱茶加工成团茶，明人谢肇淛《滇略》说："士庶所用，皆普（即普洱茶）也，蒸而团之。"到了清代，普洱茶发展到极盛的时期，"普茶名重于天下，此滇之所以为产而资利赖者也……入山作茶者数十万人，茶客收买，运于各地。"（檀萃《滇海虞衡志》）。

普洱茶的制作须经杀青、揉捻、干燥、后熟几道工序，成为普洱散形茶。再经蒸压，成为形态各异、名称不同的普洱紧压茶，包括沱茶、饼茶、方茶、紧茶等。

沱茶，是普洱中的上品，形呈碗状。其名称的由来，颇多传说，有的说曾行销四川沱江一带，故得名。有的说，此茶古称团茶，团、沱一音之转而相通。还有的说它是以穆沱树叶制成，故名，说法纷纭。越是说法不一，它的名气也就越大，堪称普洱茶之冠。后来四川重庆也产沱茶，质地就略逊一筹了。饼茶，又称圆茶，呈圆饼形，分大小茶饼两种。大饼茶又名七子饼茶，以七饼合装一筒得名。方茶以细嫩的滇青原料制成正方块，每块表面印有"普洱方茶"字样。紧茶则以黑条茶揉成心脏形，色泽乌润。

孔明插杖变茶树

历史上，普洱还有一种团茶，大小不等，大的一团五斤，形如人头，称为"人头茶"。此茶以春尖等高级原料制成，用以入贡皇室。中国农业科学院茶叶研究所至今还得存着数团清宫遗留下来的大小"人头茶"，仍然完整无损，质地不变。小团茶叫"女儿茶"，据说都由妇女所采，而且采自谷雨之前，一团重约四两。

普洱茶都采自乔木型大叶种，这种茶树高叶大，多酚类、咖啡碱、水浸出物含量高。因此，普洱茶不仅解渴提神，而且长期饮用对治疗痢疾、降低血脂和胆固醇含量，药效比较明显。另外，它便于运输、保存，所以这几年普洱茶的普及推广，很快就得到了现代人的接受。

康熙御赐『碧螺春』

茶翁

"碧螺春"号称全国十大名茶之一,但与阳羡茶在历史上的地位不可同日而喻。陆羽写《茶经》时,阳羡茶是御贡的顶级茶,而苏州洞庭山产的茶,质地相当差。到了宋代,那儿有个小庙叫水月院,院里的和尚善于种茶、制茶,号称"水月茶","颇为吴人所贵",勉强算进入了地方名茶的行列。

"碧螺春"的由来,有一个美好的传说。据说洞庭东山有座碧螺峰,山上长着杨梅、枇杷等各种果树,间隔的石缝里也长着一些茶树。每年春天,当地百姓背着茶篓前去采摘,炒制饮用,年年如此,也不见有任何异状。康熙朝的某一年,又到了采茶季节,那年茶叶长得特别茂盛,采茶姑娘的茶篓里装不下了,只好把芽叶放在胸前的兜肚里。没想到新鲜茶芽受到胸前体内热气的蒸薰,散发出浓烈的异香。采茶的人不约而同地惊叫起来:"吓煞人香!"意思是茶香到极点了。于是,这茶便叫做"吓煞人香"传开了。从此,当地百姓到了采茶季节,都必须沐浴更衣,采茶不用茶篓,而是全部装在胸前衣兜里,稍微受到体温的蔫凋后,回家再加以精制。当时有个叫朱元正的当地人做的"吓煞人香"茶非常出名,尤称妙品,每斤开价白银三两。

康熙三十八年（1699年）春天，皇帝南下巡视，苏州巡抚宋荦连忙准备迎接圣驾。宋荦是著名诗人，精于书画，也善于品茗。他深知康熙不喜铺张，但喜欢品茶，便令手下买来了"吓煞人香"茶叶，并指定要朱元正家的。

　　康熙来到苏州，欣赏到洞庭东山的秀丽风光，宋荦便献"吓煞人香"茶请皇帝品尝。康熙非常懂茶，只见此茶条索紧结，卷曲成螺，白毫显露，银绿隐翠，煞是可爱。经开水一泡，恰似白云翻滚，清香袭人。品饮下来，更觉鲜爽生津，滋味殊佳。康熙便问宋荦此茶何名？宋荦答曰："启奏皇上，此乃当地土产，产于洞庭东山碧螺峰，百姓称之为'吓煞人香'。"康熙有点闹不明白何为吓煞人香？宋荦解释说，就是香极了的意思。康熙说："茶是佳品，但名称却不登大雅之堂。朕以为，此茶既出自碧螺峰，茶又卷曲似螺，就名为'碧螺春'吧！"

　　自此以后，"碧螺春"的名号就叫响了。从此，地方大员，每逢春天，必定上贡，以献圣上，而他们自己"亦不能多得"。

　　当然，好茶一定出产在优美的自然环境里，洞庭东山为"碧螺春"生长提供了得天独厚的生长条件。那儿湖光山色相映，果园茶林相间，"碧螺春"就在花团锦簇中萌发新芽，花香果香孕育着"碧螺春"的天然美质。

康熙御赐"碧螺春"

乾隆御封「龙井茶」

茶翁

乾隆是中国历史上在位时间最长、最长寿的皇帝，他从 25 岁登基，到 88 岁去世，当了 60 年又 3 个月的皇帝和 3 年又 3 天的太上皇。这位"君不可一日无茶"的皇帝，雅爱香茗，几乎品尝尽天下名茶，留下了许多茶事轶闻，又写下了不少咏茶诗篇，在历代嗜茶帝王中堪称第一。但他再三强调品茗是"修己治人"之道，切不可沉溺茗事，玩物丧志。

乾隆好茶成癖，每到一地自然忘不了访茶问泉，最令他欣赏的是西湖龙井，他六次南巡到杭州，曾四次驾幸到西湖茶区观看采茶制茶，实地考察茶叶生产并鉴泉品茗。乾隆十六年（1751 年），他第一次南巡到杭州，去天竺观看了茶叶采制，写了《观采茶作歌》：

火前嫩，火后老，惟有骑火品最好。

西湖龙井旧擅名，适来试一观其道。

村男接踵下层椒，倾筐雀舌学鹰爪。

地炉文火徐徐添，乾釜柔风旋旋炒。

慢炒细焙有次第，辛苦工夫殊不少。

王肃酪奴惜不如，陆羽茶经太精讨。

我虽贡茗未求佳，防微犹恐开奇巧。

防微犹恐开奇巧，采茶竭览民艰晓。

从这首诗中可见，乾隆对龙井茶的采制过程了解得相当仔细，而且提出要禁止劳民伤财，不用过分精细的加工方法，要求防微杜渐，绝对不要像宋代生产龙团凤饼贡茶那样，用"奇巧"的馊主意来劳民媚上。乾隆在诗中表白，他去看采茶的目的，是要竭尽全力去关注茶农的艰难困苦。

乾隆二十二年（1757 年）他第二次南巡时，到杭州云栖寺一带的茶区去视察。又写了一首《观采茶作歌》：

前日采茶我不喜，率缘供览官经理。

今日采茶我爱观，关民生计勤自然。

云栖取近跋山路，都非吏备清跸处。

无事回避去采茶，相将另如实劳劬。

嫩英新芽细拔挑，趁忙谷雨临明朝。

雨前价贵雨后贱，民艰触目陈鸣镰。

由来贵诚不贵伪，嗟我老幼赴时意。

敝衣粝食曾不敷，龙团凤饼真无味。

从这首诗可见乾隆实是求事的精神。这次南巡抵杭州后，当地的官员知道他必会看茶山，所以事先做了周密安排，让乾隆去看他们精心挑选的地方，连采茶女也是逐个挑选的美丽姑娘。乾隆对这种弄虚作假的行为很不满意，所以在诗的开头第一句便直斥道："前日采茶我不喜"，因为那是官吏们特地安排、专门供他看的假象。第二天，他自己从云栖出发，

乾隆一游杭州观采茶

选择了一条很难走的山路，到官吏们意想不到的茶山去，看农夫农妇们无须回避地采茶。这样，他看到了茶农敝衣粝食的贫困生活，以及艰苦劳勤的真实情况。看到了民间的疾苦，乾隆很痛苦，使他感到即使给他品龙团凤饼，他的心中也很不是滋味。

乾隆二十七年（1762年），他第三次南巡到了杭州，这次他游览了龙井的风景名胜，并品尝了用龙井水冲泡的龙井茶，作《坐龙井上烹茶偶成》一首：

> 龙井新茶龙井泉，一家风味称烹煎。
>
> 寸芽出自烂石上，时节焙成谷雨前。
>
> 何必凤团夸御茗，聊因雀舌润心莲。
>
> 呼之欲出辨才在，笑我依然文字禅。

乾隆三十年（1765年），他第四次南巡到杭州，仍然忘不了龙井泉、龙井茶，就在他要离开杭州的前一天，又专程幸游龙井，吟成《再游龙井》诗：

> 清跸重听龙井泉，明将归辔启华旗。
>
> 问山得路宜晴后，汲水烹茶正雨前。
>
> 八目景光真迅尔，向人花木似依然。
>
> 斯真佳矣予无梦，天姥邮希李谪仙。

那天，乾隆在龙井狮子峰胡公庙前，和尚端上龙井泉冲泡的龙井茶，只见洁白如玉的瓷碗中，片片嫩芽犹如雀舌，色泽翠绿，清汤碧液，阵阵采香扑鼻而来。他端起来品尝了一口，只觉得两颊生香，有说不出的受用。再看到胡公庙前碧绿如染，十八棵茶树嫩芽初发，青翠欲滴。乾隆龙心大悦，当场将庙前的十八棵茶树封为"御茶"。

乾隆二游杭州观民苦

乾隆御赐"试茗阁"

鸿华

清乾隆年间一个隆冬的傍晚，一艘民船停靠在洞庭湖边的君山码头，从船上走下来两个气度不凡的游客，他们一边欣赏君山冬季夕阳西下时的风光，一边信步向天池峰走过去。在峰前，他们看到一幅茶幡在晚风中飘扬，幡下一个老汉在织渔网。

"老伯，卖茶么？"书生模样的客人上前问道。

"不卖了，若口渴缸里有水。"老汉头也不抬地回答。

"不卖茶为何要悬挂茶幡？"年纪较大的客官问道。

"官税太重了，卖不起哟。"那老汉无奈地叹了口气回答道。

在交谈中，两位客人问这问那，问得很仔细，并不时对老人表示理解和同情。老汉被感动了，遂起身将两位客人让进自己的小茅屋。说："茶人讲缘，我看咱们是有缘之人。请屋里坐，我这就去烧水，免费请客官品茶。"

两位客人相视一笑，谢过老汉后，他们走到窗前，只见窗外翠竹扶疏，两株高大的杜英树，叶子竟有淡黄、鹅黄、淡红、玫瑰红、绯红以及深红、深绿等不同颜色，在夕阳下幻化出瑰丽的色彩，给君山平添了几分神秘的美。从窗口远眺可见八百里洞庭，波涌连天雪，帆逐沙鸥飞，其中一位客人诗兴大发，不禁吟道："天池峰上拥洞庭，洞庭如风月"。

"好！"老汉正烧水，听到后随口接道："试茗阁里品香茗，香茗有文章。"

"妙！"两位客人没想到卖茶老汉竟也精通吟诗作对，不由得齐声叫好。

正说着，老汉已沏上一壶茶，并说道："难得遇上知音。老夫在此隐居十多年了，今天算是高兴。这是老夫珍藏的君山奇茗'白鹤'，用柳毅井水沏的，请两位先生细品。"

"谢老伯。"年轻的客官接过茶呷了一小口，只觉得一股太和之气直透丹田。"好茶！真乃茶中绝品。老先生，你这里有美景如画，佳泉绕阶，更有好茶如仙茗，何不把草房改建成高雅的茶楼？"

"先生真会开玩笑。咱们穷人家哪敢有此奢望？"

"莫自悲，我回去后给你个把柄，保你生意兴隆，不出五年，试茗阁定能落成。"

乾隆君山品奇茗

两位客人品过茶，看天色已晚，别过老汉便上船离去。老汉目送小船远去后，不由自主地摇摇头，心想这两个客人论学问倒是满腹文才，但可惜是不谙世事的书呆子。

　　第二年二月，岳州府的两个差人来到天池峰这间小茅屋，不由分说拖了老伯便走。到了府台衙门，只见府台大人亲自降阶相迎。他把老人请进中堂，说："圣上数月前到府上品茶，曾许过你一个把柄——'龙凤御贴'，现已送达本府。圣上还御笔亲书了'试茗阁'的牌匾，并免了全州茶楼三年官税，以鼓励多产多卖君山茶。请接旨吧！"老汉听罢，恍然大悟，原来那天与他细细谈心品茗的客官中，有一个竟是乾隆皇帝，难怪气度不凡。另一个拿着大烟袋的人，当然是侍臣纪晓岚。

　　回到君山岛，老汉当即请人整修茅屋，焚香顶礼迎接圣旨和乾隆御笔亲书的招牌。后来老汉茶室一直生意兴隆。五年后应了乾隆的预言，老汉果然盖起了高雅的茶楼——"试茗阁"。

乾隆御赐"试茗阁"

郑板桥『茶结姻缘』

鸿华

清代康熙年间，我国出了一个怪才，画坛把他列入"扬州八怪"，茶人称他为茶怪。他诗书画俱佳，独创的"六分半"书尤为奇崛。他是一位嗜茶的风雅之士，喜欢将品茶和书画怡然合一，而在他的手卷《扬州杂记》里，记述了他的一段茶缘、一段富有传奇色彩的艳遇——

一年春天，板桥到扬州春游。板桥怪在与常人不同，就是游山玩水也不同，他喜欢去祭奠古代女名人之墓。例如到岳阳，他对娥皇女英之墓感兴趣。到杭州，他四处寻找六朝名妓苏小小之墓。而这一次他是去祭悼隋炀帝南巡时亡故的宫女，宫女坟在扬州北郊大虹桥外的玉勾斜。到了玉勾斜，板桥口渴思茶，但这一带林木繁茂而居民稀少，只见不远处有一土墙的茅屋，屋外翠竹掩隐，门前有几株高大的银杏树和一株紫荆花。他信步走上去，推开半掩的柴扉，大声向屋里喊道："请问有人吗？可否讨点茶喝？"只见一老婆婆从屋里出来，招呼板桥在小厅堂中坐下。板桥落座后，环视这简朴但极干净的小厅堂，只见壁间正贴着他的诗词。于是问道："敢问这位大妈，你可认识郑板桥？"老婆婆答道："久闻板桥先生的大名，但却不曾会过。"板桥告诉她："在下便是郑板桥。"老婆婆听了万分惊喜，连忙向里屋喊道：

"小五子，小五子，快出来。你所仰慕的郑板桥先生到屋里来了。"过了好一会儿，才见一个青春焕发，美丽活泼的盛装少女翩然而出，大大方方向板桥行礼问候。板桥还礼后，那女子道："妾在闺中，久仰先生才名，读过先生的一些诗词，爱慕异常，故抄写出来贴在厅堂。听说先生最近有作《道情》十首，能写一首赐给妾吗？"

难得在这荒郊之外遇上知音女子，板桥自然欣然允诺。女子喜得蹦进跳出，很快捧出文房四宝，并绾起翠袖，露出纤纤玉手为板桥磨墨。板桥提笔挥毫，一口气把十首《道情》都写了出来。这时日已当头，但板桥意犹未尽，又题了一首《西江月》词，书赠那女子。词云：

微雨细风初歇，纱窗旭日才温。

绣帏香梦半朦胧，窗外鹦哥未醒。

蟹眼茶声静悄，虾须帘影轻明。

梅花老去杏花匀，夜夜胭脂情冷。

小女子得词，捧读再三，并连连催娘备饭，说要敬郑先生三杯水酒，以表谢意。有佳人相留，板桥也不推辞。吃饭时，板桥了解到这家人姓饶，有五个女儿，前几个都已出嫁，只有五姑娘留在身旁伴老。五姑娘自幼读书，也算粗通文墨，今年已 17 岁。她对板桥的诗词书画都极喜爱，对板桥的人品也十分崇拜。言谈间老婆婆听说板桥已丧偶多年，便主动提出："如蒙先生不弃，何不将小女纳为箕帚之妾，以遂了小女的心愿。"

板桥听了很感动，但一想自己年已 42 岁，功名未就，家中清贫，便不无歉意地推辞说："大妈美意感人，但我一介寒士，那敢纳此丽人。"那婆婆道："并不要先生多少财礼，只要能养活老身也就行了。"美意与真情，板桥能不动心？

于是他说："今年是乙卯年，明年是丙辰年，逢辰年大考。后年是丁巳年，如果能考中进士，我一定来娶五姑娘。能等我两年吗？"母女皆做了斩钉截铁的回答："能！"就这样，郑板桥春游去祭美女坟，得到了一个活生生的、知书达理的红颜知己。

爱情往往能激发出人的最大潜能。郑板桥的艳遇，增强了他对追求功名的欲望。因为在封建时代，读书人的成名之

板桥游春巧遇红粉知音

路只有参加科举考试。年近"知天命"的郑板桥自然知道这一点。自从与饶姑娘定情之后，板桥潜心于四书五经，发奋苦读，终于在乾隆元年（1736年）四月初五，考取了二甲进士第88名。加上一甲的状元、榜眼、探花，板桥为91名，在中进士的344名士子中算是中上。板桥从24岁中秀才算起，到44岁进士及第，历经三朝，整整苦读了20年书，20年里经历了无数的哀伤和变故，终于获得了当时的最高学位——进士。为了纪念人生的三次腾跃，板桥刻了一枚闲章："康熙秀才，雍正举人，乾隆进士"，用在他的书画作品之中。

郑板桥茶结良缘

蒲松龄摆茶摊觅《聊斋》

茶翁

康熙初年的夏天，在山东淄川（今淄博市）蒲家庄村口的一棵老树底下，只见一个30多岁的年轻人，穿着粗布短衫，手里捧着一本书，地上摊着一方芦席，旁边置放着一小缸茶水、四五只粗瓷大碗，还有一包自己粗制的黄烟丝和一杆烟筒。只要见到有人路过，一定要招呼人家坐下来休息一下，口渴的喝碗茶，有烟瘾的停下来抽口烟，然后非要人家讲一些稀奇古怪的人鬼故事。这位年轻人就是中国古典名著《聊斋志异》的作者蒲松龄，书中描写的491个人妖故事，好多是他用摆茶摊的方式寻觅得到的。

蒲松龄（1640~1715年），字留仙，一字剑臣，别号柳泉居士，自称异史氏。19岁应童子试，连考县、府、道三个第一，名震一时，后屡试不第，到71岁才成贡生。其间，他靠做塾师为生，舌耕笔耘42年，寒来暑往，日复一日，集腋成裘，浮白载笔，终于完成了他的孤愤之作，写成《聊斋志异》，被郭沫若誉为"写鬼写妖高人一等，刺贪刺虐入骨三分"的经典之作。

蒲家在当地号称"累代书香"。蒲松龄出生时正值明末清初的大动乱之时，他青少年时还不愁温饱，能够有机会读书考学，加之当时山东提学副使施闰章的慧眼青睐，故能连得淄川县试、济南府试、

北宋·米芾《苕溪诗贴》

山东省试三个第一。随着家道的中落，兄弟三分家之后，他家日子一天不如一天。但他坚信"有志者，事竟成，破釜沉舟，百二秦关终属楚。苦心人，天不负，卧薪尝胆，三千越甲可吞吴"。他在农村过着十分清寒的日子，但还是坚持刻苦好学，参加每期的科举考试，然而再也没有碰到施闰章这样慧眼识人的考官，所以屡试不第。严酷的现实让他认识到自己在仕途上难有出头之日，于是转而将满腔愤气寄托在《聊斋志异》的创作之中。至康熙十八年（1679 年），这部短篇小说集已初具规模，一直到暮年方成此"孤愤之书"。在他死后 50 年，方才刊刻行世。

《聊斋志异》的故事来源非常广泛，有出自蒲松龄的亲身见闻和自己的虚构，有许多则出自民间的传说，还有许多是他从历代的书本中寻觅到的只言片语加工整理出来的。他在村口的路边设下茶摊，供行人歇脚和聊天，在边喝茶边海阔天空的乱聊中，蒲松龄常常捕捉到有趣的故事题材和素材。后来，蒲松龄干脆立下了一个"规矩"，无论哪位行人只要能说出一个故事，茶钱他分文不收，于是很多人去大谈奇事怪闻，也有许多人实在没有什么故事，便乱造胡编一个。对此，蒲松龄一一笑纳，茶钱照例一个不收。也不知他耗去了多少茶钱。蒲松龄搜集到的许多故事素材，最后以自己丰富的想象和生活经验，将许许多多牛鬼蛇神、妖魔狐仙充实成一篇篇小说。

蒲松龄以茶换故事的事，通过许许多多行人的传播而名闻遐迩，于是还有许多人虽不曾喝过蒲松龄的茶，却纷纷将自己的珍闻捎寄给他。蒲松龄又几经修改和增补，终于完成了这部不朽的文言短篇小说集。

蒲松龄久居乡间，知识渊博，除写作《聊斋志异》外，他对农业、医药和茶事也深有研究，写过不少通俗读物，不过后来许多书都被他《聊斋》的名声掩盖了。蒲松龄还是我们古代北方的一位茶学家。他的《药祟书》中总结了自己在实践基础上调配的一种寿而康的药茶方。他还亲身实践，在住宅旁开辟了一个药圃，种了不少中药，其中有菊和桑，还养蜜蜂。他广泛收集民间药方，通过种药取得不少经验，在此基础上形成药茶兼备的菊桑茶，既止渴又健身治病。《药祟书》中指明菊花有补肝滋胃、清热明目和抗衰老之功效；桑叶有疏散风热、润肝肺肾、明目益寿之效；枇杷叶性平味苦，有清肺下气、和胃降逆之效；蜂蜜具有滋补养中、润肠通便、调和百药之效。四药合用，相得益彰，是一贴补肾、抗衰老之良方。

蒲松龄设茶摊觅《聊斋》

观音赐茶韵味浓

王从仁

中国六大茶类按时间顺序排列，应该是先有蒸青绿茶（饼茶），宋代出现白茶，明代以后出现青茶（乌龙茶）、黄茶、黑茶、红茶。铁观音是乌龙茶中的一类，乌龙茶中又分：武夷岩茶、铁观音、黄金桂、永春佛手……在铁观音没有夺得乌龙茶头筹前，武夷岩茶名气更响。岩茶又分奇种、单丛、名丛等，其中名丛为岩茶之王，著名的大红袍又是名丛之王，在铁观音出道前，大红袍曾是乌龙茶中当之无愧的"王中王"。

但是，中国传统文化中凡带有神话传说的东西影响更大，若符合一时的需要，总有人帮助粉饰扮妆，顶礼膜拜。其中铁观音就有这样的背景。相传在清代乾隆年间，福建安溪松林头魏饮虔诚向佛，每天清晨，起床的第一件事，就是以清茶一杯奉献在观音大士前。天长日久，成为习惯。一天，魏饮上山砍柴，偶尔路过一座观音庙。他赶紧叩头跪拜，拜着拜着，魏饮只觉得眼前一片亮晶晶的，定神一看，观音庙前居然长着一棵奇特的茶树，晨曦之下，叶面闪闪发光，显得十分厚实圆润。魏饮想：莫非观音显灵赐我这棵茶树？真是天助我也。于是，他小心翼翼地将它挖回家，移栽于门前的茶园里。以后，魏饮用这株茶制成乌龙茶，色泽厚绿，重实如铁，香味特异，比当地其他茶叶更为浓烈。一开始，人们顺口称它为"重如铁"。后来，得之了魏饮的奇遇，便改名"铁观音"。

献茶图

　　关于"铁观音"，还有一个传说。就是安溪尧阳南岩山有位茶农王士琅，发现了这棵茶树，采制成茶进献给乾隆皇帝，"铁观音"是乾隆皇帝赐的名，这样，又把天子拉了进来。不过，这个传说流传不广，人们大多数比较相信观音显灵之说。

　　其实，福建乌龙茶，一向以闽北出产的武夷岩茶为正宗，当18世纪武夷岩茶畅销海外时，安溪茶大多充作武夷茶卖给外国人。铁观音一开始只是武夷岩茶的仿制品。据《泉州府志》记载，清代乾隆年间有位僧人陈旻锡写一首《安溪茶歌》，说"溪茶遂仿岩茶样，先炒后焙不争差"。一般来说，仿制品的声誉总不及原品，所以安溪乌龙茶要打开销路，必须别开蹊径。那时尚无广告，但朴素的广告意识似乎源于本心。魏饮事佛以及观音显灵等等故事，绝对是当时最好的广告宣传。终于，牌子越打越响，武夷岩茶的市场，竟然被安溪茶代替，"铁观音"战胜了"大红袍"。

当然，铁观音的后来居上，也得力于它的精细栽培和悉心炒制，形成了自己的特色。它在制作中比武夷岩茶减轻了萎凋时间，加长了做青时间，纯手工三揉三焙之后，条索拳曲，壮实沉重，状如蜻蜓头，色泽油亮，叶表起霜。"绿叶红镶边，七泡有余香"的优异品质，终于驰名遐迩。

于是，铁观音"青出于蓝而胜于蓝"，名气盖过了岩茶。又因安溪靠近厦门，出口方便，茶价又比较便宜，种种因素结合起来，铁观音终于成功走向世界。

近年来，日本、欧美也掀起一股"乌龙热"，称乌龙茶为"健美茶"、"减肥茶"，成为最受人欢迎的日常茶饮。我国随着生活水平的提高，饮茶的范围也在逐渐扩大，华北、华东地区喜爱铁观音的人也渐渐增多，用紫砂壶泡铁观音的饮茶习俗，正在全国范围内逐渐兴起，铁观音的风靡，与国家的强大，人民生活水平的提高，是密不可分的。亦如铁观音之茶韵，让人回味无穷。

清·郑燮《溢江江口是奴家》

吴昌硕戒毒嗜茶

鸿华

吴昌硕是诗、书、画、印"四绝"的一代宗师，他与任伯年、蒲华、虚谷齐名为清末海派"四大家"，他在艺术上别辟蹊径，贵于创新，最擅长写意花卉；他以书法入画，将书法、篆刻的行笔、运刀、章法融入绘画，形成有金石味的独特画风；他以篆笔写梅兰，用狂草作葡萄，所作花卉树石，笔力敦厚老辣，纵横姿肆，气势雄强，构图亦近书印的章法布白，虚实相生，主体突出，画面用色对比强烈，在自然朴实中渗透出深厚的传统笔墨功力和文人情怀。

吴昌硕（1844年8月~1927年11月），原名俊，又名俊卿，别号缶庐、仓石、仓硕、老苍、老缶，70岁后号大聋。他出生于浙江李丰县鄣吴村（今湖州市安吉县）的一个书香门第，8岁作骈句，10岁持刀奏石。后家道中落，发愤读书，为满足日益增强的求知欲望，千方百计去找更多的书来读，有时为借一部书，来回步行数十里路也不以为苦。

29岁那年，他离开家乡，到人文荟萃的杭州、苏州、上海等地去寻师访友，刻苦学艺。他待人以诚，求知若渴，各地艺术界人士都乐意与他交往，尤以任伯年、张子祥、胡公寿、蒲作英、陆廉夫、施旭臣、诸贞壮、沈石友等名人文士与他交谊尤笃。

昌硕嗜茶戒大烟

30多岁时，他始以作篆籀的笔法绘画，后经友人介绍，求教于任伯年。伯年要他作一幅画看看。他说："我还没有学过，怎么能画呢？"伯年道："你爱怎么画就怎么画，随便画上几笔就是了。"于是，他随意画了几笔，伯年看他落笔用墨浑厚挺拔，不同凡响，不禁拍案叫绝，说道："你将来在绘画上一定会成名。"吴昌硕听了很诧异，还以为跟他开玩笑。

伯年却严肃地说："即使现在看起来，你的笔墨已经胜过我了。"此后，吴昌硕对作画有了信心，根据他平日细心观察、体验积累起来的生活经验，再加上广泛欣赏与刻苦学习，他所作的画不断地出现崭新面貌。

吴昌硕擅长诗文，苦吟数十年，未曾间断。所作诗篇以傲兀奇崛、古朴隽永见长，一般说来用典较多，不甚通俗，但有些绝句纯用白描手法，活泼自然，接近口语，具有明丽俊逸的特点，风格上与民歌很接近。所作题画诗寄托深远，颇有浪漫主义气息。直到七八十岁高龄，还以读书、刻印、写字、绘画和吟诗作为日课，乐之不疲。诚如他自己在一首题画诗中所描述："东涂西抹鬓成丝，深夜挑灯读《楚辞》；风叶雨花随意写，申江潮满月明时。"

吴昌硕一生爱梅花爱茶花也爱茶，喜欢赏梅、品茗相结合。他笔下的茶花均为大写意，气势磅礴、浑厚老到。用笔融入篆籀之法，笔势雄健，其表现似不在形，更侧重于神貌的体现，注重给人以整体的审美感受，意蕴上则生发画意和诗情。他74岁所作《茶花》题跋云："画此嫣红要与山灵争艳"，见窥其心态一斑。他尤擅长画梅，常将寒梅、清茶置于一图，相映成趣。并作读书跋如下："折梅风雪洒衣裳，茶熟凭谁火候商。莫怪频年诗懒作，冷清清地不胜忙。雪中拗寒梅一枝，煮苦茗赏之。茗以陶壶煮不变味。予旧藏一壶，制甚古，无款识，或谓金沙寺僧所作也。即景写图，销金帐中浅斟低唱者见此必大笑。"

吴昌硕早年为生计所累，不胜疲惫，一度染上了吸大烟的毛病，而且烟瘾越来越大。妻子施季仙劝他戒烟，始终没有效果。一天，吴昌硕在外面过足烟瘾，懒懒散散地回到家，妻子实在气不过了，冷冷地丢下一席话给她："这东西有什么好？又花钱，又害身体，不能再吃了！如果你连这一点都做不到，还治什么印，学什么画！"这席话震动了吴昌硕，内心深感有愧，觉得太对不起贤妻了。

原来，1865年时吴昌硕中了秀才，曾任江苏安东县（今涟水县）知县，因不习惯官场上那一套，仅一个月就辞官回乡，回到安吉县郭吴村。这时，他原配章氏因病逝世，他只能与父亲相依为命，在家靠耕读打发日子。正在此时，富家小姐施季仙爱慕吴昌硕的才华，愿意嫁给这个一文不名的农夫。为了支持吴昌硕的艺术事业，她不惜变卖陪嫁首饰，指望吴昌硕事业有成。如今，他事业不成，反而吸上了鸦片，怎对得起自己的贤妻呢？想到这儿，吴昌硕下决心戒烟。从此，吴昌硕远离烟土，就连一般的水烟、纸烟也决不沾手。刻章、习字、绘画之余，陪伴他的是一把紫砂茶壶，一壶浓浓的茶水。正是这样，内心强大的一代宗师，以茶陪伴事业，一步步走向艺术的巅峰，感受着超凡脱俗的精神享受。

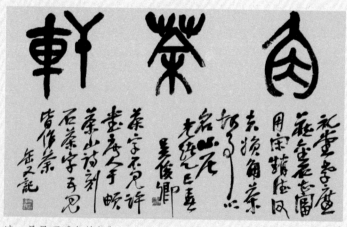

清·吴昌硕《角茶轩》

孙中山倡导「茶为国饮」

鸿华

孙中山是伟大的民主革命先行者，他大力倡导饮茶，主张"茶为国饮"。孙先生认为，喝水比吃饭还重要，他把饮茶提到"民生"的高度，他在《建国方略》《三民主义·民生主义》等重要论著中，明确论述茶对国民心理建设的作用，主张茶饮应称为"国饮"。

孙中山先生早年是医生，他知茶爱茶，对茶的作用有高度的评价，他认为"茶是最合卫生最优美之人类饮料"，"中国常人所饮者为清茶，所食者为淡饭，而加以菜蔬豆腐，此等之食料，为今卫生家所考得为最有益于养生者也。故中国穷乡僻壤，饮食不及酒肉者，常多长寿。"他在题为《三民主义·民生主义》的讲演中说："外国人没有茶以前，他们都是喝酒，后来得了中国的茶，便喝茶来代酒，以后喝茶成为习惯，茶便成了一种需要品。"在孙中山先生的民生思想中，要推广饮茶，从国际市场夺回茶叶贸易的优势，应降低成本，改造制作方法，设制制茶新式工场。中山先生的民生思想中，提倡茶的简朴及大众化。

孙中山先生对中华几千年形成的茶道十分欣赏，在论及我国茶饮之道时曾指出："悦口的清香之味和佳肴之味，也跟悦目之画和悦耳之音的那些艺术作品一样，具有其不可贬斥的审美价值，即文化艺术价值。"

孙中山先生主张实业救国，他对旧中国的茶叶生产现状了如指掌，并深感担忧。他明确指出："茶叶种植及制造，为中国重要工业之一，前此中国曾为茶业供给全世界之惟一国家，今则中国茶业已为印度、日本所夺，惟中国茶叶之品质，仍非其他各国所能及。印度茶含有丹宁酸太多，日本茶无中国茶所具之香味，最良之茶，惟可自产茶之母国即中国得之。"他分析了造成这一局面的原因，及今后的对策："中国之所以失去茶叶商业者……则中国之茶叶商仍易复旧。在国际发展计划中，吾意当于茶产区域，设立制茶新式工场，以机器代手工，而生产费可大减，品质亦可改良，世界对于茶叶之需要日增，美国又方禁酒，倘能以更廉更良之茶叶供给之，是诚有利益之一种计划也。"他在"计划"中也提出了一些措施。但是，他提出的一些措施并未能实现，直到解放以后，在中国共产党领导下的人民政府，才付诸实施。

孙中山倡导"茶为国饮"

老舍的山城茶情

凯亚

何时平寇乱 茅屋味清茶

抗战八年的流离日子与苦难生涯，老舍是在雾都重庆度过的。

初到重庆，那是 1938 年炎夏。此时的重庆，尽被掩于逃难潮中，大小旅舍里都觅不到栖身的方寸之地。老舍只好暂且寄居于青年会内，临时搭个竹板床住下。眼下他所主持的中华文艺抗敌协会简称"文协"，因为经费紧缺，债台高筑，弄得他不得不"吝啬"到了就连"开会时吃一杯茶，也要大家自己掏钱"的地步，无奈只好到有关部门去作揖、求情，索些茶叶来作为聚会茗叙之用。

其时妻儿家眷都还留在北平。老舍倒是无须操劳家务，而"在重荷之下，紧紧咬着他的牙齿"所做的和能做的，便是接受各界抗日团体的委托，从事抗战宣传剧的写作，先后写了《残雾》《张自忠》《大地龙蛇》《国家至上》《谁先到了重庆》等剧本。为着赶写这些剧本，他宁愿成年累月地付出"苦刑"的代价，却也从来不肯为图自己的轻松方便而辜负大家的重托。而在忍受着"苦刑"熬煎的那些个日日夜夜里，唯一堪以用来为之助兴并助战的，就只有案头的那盏苦茶而已！

尤其险恶万状的是日本侵略者的飞机有时出动一两百架，甚至三五百架，昼夜轰炸山城。即使在防空洞里，都找不到宁静的写作之处。这情形当冯玉祥将军得知后，便特地派人把老舍接过去，暂寓在冯公馆的花园小院里，好让他安静地从事写作。

从此，老舍在这里又开始了不失秩序的写作生活：每日清晨五时即起，打了片刻太极拳之后，七时早餐，饭后即洗砚，泡茶，濡墨走笔，埋头于剧本的写作。

老舍的喝茶本是非常讲究的。尤其是奉客之茶，更是讲究。平日里宁愿自己吃些粗茶，也要留藏些上品之茶用于款待客人。可是而今呢，他则不得不放弃这种讲究了。因为非但茶价昂贵得吓人，一个月笔耕墨种的收入，还不够买几筒龙井茶，而且这样的龙井茶喝在嘴里，简直像是嚼着咸鸭蛋皮一样，苦咸苦咸的。这还说得上什么品茗韵事？！不过，后来他听张恨水说，当地有一种土茶，叫做"沱茶"的，那是渝上人家的特嗜之茶。乍一听，老舍还以为那是云南沱茶，其实不是。

老舍赠诗聚茶谊

这种沱茶本是蜀地土产，试啜之下，竟比时下的龙井茶还有味多呢。从此，老舍跟张恨水一样，沱茶成了他俩在川八年的贪啜之物。无怪张恨水后来撰了一首寓辛酸苦涩于谐谑之中的《浣溪沙》，抄赠老舍。诗云：

把笔还须刺激吗？香烟戒后诗少抓，卢仝早已吃沱茶。尚有破书借友看，却无美酒向人赊，兴来爱唱泪如麻。

老舍知道，这末句的所谓"泪如麻"，乃是戏仿京剧《捉放曹》中老生的唱词，即"陈宫心内乱如麻"的唱句而来的。聆赏之下，不由他俩一齐会心地大笑起来。

冯公馆的花园小院，宁静是够宁静的。不过老舍住在这里，有时从早到晚，差不多就他一个人独居茅舍，独啜清茗，不由更加思念远方的亲人。他思念年迈的母亲，思念可爱的孩子，思念在沦陷的北平艰难度日的妻子。每每在思念之余，至再至三默诵不久之前写下的那首五言律诗：

二载流离苦，飘飘梦落花！

停车频买酒，问路倍思家！

尘重知城大，天长盼日斜；

何时平寇乱，茅屋味清茶。

中年喜到故人家　挥汗频频索好茶

翌年岁末，老舍主持举办了一次极不寻常的聚晤茶会，那是欢迎近期先后从外地迁来重庆的一批会员的，他们之中有冰心、茅盾、巴金、徐迟诸人。

自从中华全国文艺界抗敌协会由武汉迁来重庆之后，许多作家、诗人、戏剧家、画家、音乐家云集于斯，他们各自以自己的艺术才华服务于抗战，投身于抗战。

在这次不拘形式的聚晤茶会上，冰心坐在一张朝门的茶席上，正在跟同桌的剧作家阳翰笙娓娓茗话，谈论抗战以来我国电影创作的现状。正说之间，他俩发现周围的人们全都把目光凝注于会场的入口处。原来走进门来的是周恩来先生，他是中华全国文艺界护短协会的名誉理事。老舍立即迎上前去，热烈地与之握手。

周先生在老舍的陪同下，走到冰心的茶桌席上，与之亲切握手，老舍随即给他俩斟茶。此时周恩来却从老舍手中接过茶壶，亲手斟了一盏递给冰心，说："冰心大姐，您请用茶！欢迎您来出席这个聚晤茶会，应当说，这也是文艺界一次抗战的誓师茶会啊！"接着又蔼然一笑，亲手递给老舍一盏茶："非常感谢你啊，舍予先生！眼下'文协'的工作办得有声有色，都亏你含辛茹苦，奔走操劳哇！"

而后周恩来挨次走近每一张茶桌，向与会的文艺界人士，诸如巴金、茅盾等人一一握手，问候，敬茶。清馥的茶氛杳绕于所有茶席之上，茶会自始至终弥漫在和谐与亲睦的氛围之中……

冰心的寓所坐落在歌乐山的半山腰上，虽说只是几间土房子，但比之那些破敝不堪的"国难棚子"，则算是够象样子的了。土房子共有六间，东厢的一间作为书房，兼会客之用。老舍每次来访，即茗叙于斯。

这几间土房子没有围墙，老舍来访的时候，每每人还没到，响亮的嗓音先到了："泡了好茶没有哇？客人来了！"随之从窗外松荫覆盖的山径上，传来了豪放的笑声。冰心则悉依传统的礼客之道，即"扫阶淪茗以待"之。他知道，老舍喝茶是挺讲究的。一盏好茶捧到手上，他就会兴高采烈地讲谈不已。

冰心酷爱福州老家的茉莉花茶。可眼下因为烽火连天，交通阻隔,吃到老家的茉莉花茶实在很不容易。偶尔有老家亲友捎来一些,分外珍贵,自己舍不得吃,总要留藏一些下来,专供款待文坛友人之用。而文坛友人之中,老舍便是最嗜于啜茶,也是最讲究择茶的一位座上客,自然更要礼遇周到,每每伴其茗谈竟日。

早从上世纪 30 年代起,老舍就成了最受冰心家里几个孩子欢迎的客人。老舍一走上山来,孩子们就缠住他不放。

恨水戏赠沱茶诗

每次讲故事讲到精彩的地方，孩子们总是看到舒伯伯端起茶盏，一个劲喝茶，似乎不把茶喝过瘾，故事就讲不下去。急得孩子们争着给他添水，喝了一盏又一盏，故事讲了一个又一个。

这天恰逢礼拜天。孩子们的爸爸吴文藻，在国防委员会参事室上班，星期六才能回家团聚。吴文藻是一位文质彬彬的学者，也是位嗜茶者，每次跟老舍茗谈起来，也总是没完没了的。

这天他俩茗话半日，兴之所至晚餐就又陪老舍喝了几杯泸州老窖，大概喝得过量了，老舍"醉"得临窗而卧，直到月钩斜挂之时，才告别而归。其后，他特地赠文藻、冰心一首诗，记述了他们在山城重庆的诗谊与茶谊：

> 中年喜到故人家，挥汗频频索好茶。
>
> 且共儿童争饼饵，暂忘兵火贵桑麻。
>
> 酒多即醉临窗卧，诗短偏邀逐句夸。
>
> 欲去还留伤小别，阶窗指点月钩斜。

我不知道戒了茶怎样活着

由于日寇的轰炸和封锁，作家的生活陷于极度贫困之中：物价天天上涨，稿酬天天下跌，七七事变以来，老舍只拿到版税十来块钱。印行他的小说的几家出版商，包括"商务""良友""人间书屋"，先后都遭日寇炮火的洗劫，哪里还有版税付给他呢。

1939 年岁末，恰值老舍 40 岁生日。想写封家信，然而"暴敌到处检查信件，书信稍长一些，即使挑不出毛病，也有被焚化的危险"。那么，写短些吧。可是，短，又能说什么呢？

既然家信写来如此难，那就索性不写罢。此刻他捧着一壶苦茶在手，啜着，啜着，竟觉得这茗汁，似乎比任何时候都要酽苦。平日里他写文章时，全凭着这苦茶助兴，而今啜着苦茶也无法奏效，怎么也写不出文章来。

此后接连数日，不免过了几个沮丧的失眠之夜。南温泉本是一个美丽而宁静的山村，坐落在仙女峰南山麓下。然而眼下盖在这里的"国难房子"，只是用竹片编成的薄壁，苫以茅草，糊以泥巴。这就是老舍暂时栖身的三间蜗居。这里的野山鼠特多，光天白日，天花板上照样有野鼠跑马，夜间则更是闹腾得不亦乐乎，不仅残剩的饭菜被扫荡一空，就连书稿、烟卷、茶叶，也在劫难逃。

其后不久，老舍便写下了《多鼠斋杂谈》一文。其中在述说了戒酒和戒烟之后，竟说："恐怕呀，茶也得戒！"然而"戒茶"却压根儿不同于戒烟与戒酒，这只要读一读他如下的自白，就会了然：

——我是地道中国人，咖啡、蔻蔻、汽水、啤酒，皆非所喜，而独喜茶。

——有一杯好茶，我便能万物静观皆自得。烟酒虽然也是我的好友，但它们是男性的——粗莽、热烈、有思想，可也有火气——未若茶之温柔，雅洁，轻轻的刺激，淡淡的相依；茶是女性的。

——我不知道戒了茶是怎样活着，和干吗活着。

这才是老舍这位作家兼品茗大师的心灵。且看在他的笔下，茶与生命相比起来，到底是茶要紧呢，还是生命要紧呢，抑或是两者一半对一半呢？真真叫人难以辨别得一清二楚。自古迄今，似他这样咏茶论茶的，恐怕无有先例。

然而，他却又为何"戒茶"呢？对此，他在《多鼠斋杂谈》中，说了实情："不管我愿意不愿意，近来茶价的增高已教我常常起一身小鸡皮疙瘩！""茶本来是香的，可是现在三十元一两的香片不但不香，而且有一股子咸味！为什么不把咸蛋的皮泡泡来喝，而单去买咸茶呢？六十元一两的可以不出咸味，可也不怎么出香味，六十元一两啊！谁知道明天不就又涨了一倍呢！"

诚如上述，其时山城重庆的茶价之贵和茶品之劣，不堪名状！无怪老舍在激愤之余，写下了"戒茶"之说。并不失幽默地寓愤慨于谐谑之中："我想，在戒了茶之后，我大概就有资格到西方极乐世界去了——要去就抓早儿，别把罪受够了再去！想想看，茶也须戒！"

当然，老舍终究还是没有戒茶。只缘茶是他创作生涯的最佳伴侣，更是他生命之守护神，那是须臾也离开不了的啊！否则，他后来的不朽之作《茶馆》，怎会写得那般淋漓万端，神韵毕现呢！

不知戒茶怎么活

名山名茶话『毛峰』

茶翁

俗话说："名山出名茶。"名山与名茶，犹如孪生子，名山为名茶提供优良的生态环境，名茶又为名山添光溢翠，相得而益彰。但从因果关系来讲，名茶多少沾了名山的光。但凡山势高竣、云雾缭绕处，都易出好茶。

"黄山毛峰"应是靠山出名的茶。黄山峥嵘巍峨，以奇松、怪石、云海、温泉"四绝"而著称于世，泰岱之瑰伟，武夷之秀逸，华岳之峻峭，衡山之磅礴，匡庐之飞瀑，黄山可谓兼而有之，但最突出的则是"奇险"。全山三十六大峰、三十六小峰、十六泉、二十四溪，无不以奇险而取胜。正如清代程弘志所言："山行之险，莫如黄山。而黄山险处，乃黄山奇处。险不极，奇也不极；险至不可思议，奇亦不可思议。"因此，黄山素有"天下第一奇山"之称。

然，游客在攀险探奇之余，汗流浃背之时，沏上一壶黄山毛峰，小座片刻，不啻是一种享受。这时，赏心悦目、芳芳甘醇的黄山毛峰，一定给人留下深刻的印象，使人难以忘怀。

"黄山毛峰"在历史上并不太出名，只有明代许次纾在《茶疏》中提到了黄山茶："若歙之松罗、吴之虎丘、钱塘之龙井，香气浓郁，并可与雁行，与岕颉颃。往郭次甫极称黄山，黄山亦在歙中，然去

"评价不算高。另外，据《黄山志》记载，黄山莲花庵旁的石隙中植有茶树，茶质得云雾之精，轻香袭人，称为黄山云雾茶，这便是黄山毛峰的前身。当然，此茶没有入贡的资格，连地方名茶也算不上。

大约在光绪年间，开始生产黄山毛峰，产量不大。1913年左右，山东、河北等省的茶商前往黄山，收购黄山毛峰和毛峰次品烘青，运往福州作为窨花的茶坯，制成花茶运往东

观黄山 品毛峰

北、华北各省。这时，黄山毛峰的生产才有所发展。抗战期间，运销受阻，生产又一度衰败，直到建国后才恢复生产。

近年来，"黄山毛峰"的名声越来越响，茶叶的质地日趋提高。有特级、普通毛峰两种，特级毛峰，已当之无愧地跻身于全国名茶之列。黄山特级毛峰分布在桃花峰、紫云峰、慈光阁、云谷寺、半山寺一带，海拔七百米左右，由于山高林密，云海雾天，湿度大，土壤腐殖质丰富，疏松肥厚，为特级毛峰提供了优越的生长条件。普通毛峰则产于海拔四百米左右的汤口、冈村、芳村、杨村、洽舍等地。

"黄山毛峰"的采制加工十分精细，特级茶在清明前后采摘，以一芽一叶初展为标准，茶农称"麻雀嘴稍开"，鲜叶采好，稍稍摊放后，当即制作。炒制工序分杀青、揉捻、干燥几道。但高级毛峰（指特级、一级）不经揉捻就上烘，这是因为嫩芽摘自早春，难以锅炒，便以烘代炒。烘干工艺精巧而细腻，分毛火、足火进行，干燥均匀，白毫不至于碰落。

因此，高级黄山毛峰属烘青类条型绿茶，外形似雀舌，细扁而微微卷曲，银毫显露，色泽嫩绿，汤色清澈略带杏黄，香气持久，回味甘醇，堪称茶叶珍品。

北宋·米芾《道林帖》

楼阁明丹垩
杉松振老鬐
僧迎方拥帚
茶细旋探檐

钱松嵒《阳羡春色闻茶香》

后记

宜兴素有"陶的古都"、"洞的世界"、"茶的绿洲"、"竹的海洋"之称，如今，陶都特别是宜兴紫砂在海内外已名闻遐迩，成为宜兴的一张名片。"洞天""竹海"在旅游部门的大力推动下，亦成为华东地区知名的旅游景区。宜兴市茶文化促进会成立后，旨在进一步以茶文化带动茶产业发展，以茶产业促进茶文化繁荣。故在2014年的工作中，就提出了策划出版宜兴茶文化研究丛书的计划，《茶的故事》亦是其中之一，本书旨在弘扬中国传统文化，普及茶文化的历史知识，挖掘阳羡茶文化史上的闪亮点，提升阳羡茶文化的内涵。

本书中《陆羽荐贡阳羡茶》《皇家气派喊山祭》《且尽卢仝七碗茶》等章节，再现了中唐时期宜兴御贡茶的盛况，描写了唐代"煮茶"的文化特点。《王安石三难苏学士》《苏东坡竹符换水》《斗茶一曲传佳话》等章节，则是反映出宋代文人对宜兴茶的钟爱，道出了宋代"点茶"与唐代"煮茶"的细微变化，以及"斗茶"等民间茶艺的普及状况。《文征明夜煮"阳羡茶"》《唐寅嗜茶多茶画》等章节，显示出明代"江南文人圈"的核心人物，当时"茶人集团"的首领，对"阳羡茶"的挚爱，抒写了"江南才子"与宜兴山水茶密不可分的关系。本书还全面介绍了福建"铁观音"、云南"普洱茶"、四川"蒙顶茶"等名茶的传说故事，一册在手，可领略中国茶文化的渊博精深。

盛畔松先生作为本书的主编，一直是本土茶文化、紫砂文化研究的有心人，他自幼生活在茶乡，在近四十年的工作过程中，留心积累了不少资料，从沉淀在不同时期历史典籍的史料去钩沉拾遗。与为宜兴阳羡茶发展呕心沥血的当代茶专家张志澄、罗凡多有接触，深受影响。近年来又与湖州市茶文化研究会的同道建立联系，交流探索，相互印证，为深入研究宜兴茶文化史掌握了第一手资料，基本理出了宜兴茶文化发展的脉络。书画家邵家声先生在百忙之中为本书绘就了近五十幅插图，值此一并表示感谢！

《茶的故事》书稿将要付梓，诚挚感谢省委宣传部、省文联领导章剑华先生的关心帮助，诚挚感谢江苏人民出版社的大力支持，使本书能很短时间内出版发行。还要感谢宜兴市委、市政府领导的关心帮助，感谢市有关部门的帮助和支持。感谢中国工艺美术大师徐秀棠先生为本书题写书名。

《茶的故事》的成书过程时间仓促，某些方面考虑不周，难免存在一些问题和不足，恳切希望大家提出中肯的意见和建议，以进一步推动我们对宜兴茶文化的研究工作。

《茶的故事》书中有些文章选编自一些成书和杂志，恳切希望作者主动与我们联系，以便沟通联系，并奉寄稿酬。

宜兴市茶文化促进会副会长、秘书长　王教焘

图书在版编目（CIP）数据

茶的故事 / 盛畔松主编 . -- 南京 : 江苏人民出版
社 , 2015.3
ISBN 978-7-214-15298-5

Ⅰ . ①茶… Ⅱ . ①盛… Ⅲ . ①茶叶 — 文化 — 中国
Ⅳ . ① TS971

中国版本图书馆 CIP 数据核字 (2015) 第 064194 号

书　　　名	茶的故事	
主　　　编	盛畔松	
责 任 编 辑	戴宁宁	
装 帧 设 计	蔡力武　李海燕　薛碧城	
出 版 发 行	凤凰出版传媒集团	
	凤凰出版传媒股份有限公司	
	江苏人民出版社	
集 团 地 址	南京市湖南路 1 号 A 楼，邮编：210009	
集 团 网 址	http://www.ppm.cn	
出版社地址	南京市湖南路 1 号 A 楼，邮编：210009	
出版社网址	http://www.book-wind.cn	
	http://jsrmcbs.tmall.cn	
经　　　销	凤凰出版传媒股份有限公司	
印　　　刷	宜兴市太华彩印厂有限公司	
开　　　本	889 毫米 ×1194 毫米　1/32	
印　　　张	4	
字　　　数	96 千字	
版　　　次	2015 年 4 月第 1 版　2015 年 4 月第 1 次印刷	
标 准 书 号	ISBN 978-7-214-15298-5	
定　　　价	28.00 元